第二次青藏高原综合科学考察研究专项（2019QZKK0105-06）资助

西藏气候变化监测公报

（2022年）

Xizang Climate Change Monitoring Bulletin

主　编：边　多　扎西央宗　陈　涛

副主编：李　林　曾　林　扎西欧珠　张伟华　黄晓清　马鹏飞

气象出版社
China Meteorological Press

内容简介

为更好地总结西藏自治区气候变化监测最新成果，积极应对和适应区域显著增暖和极端天气气候事件变化，西藏自治区气候中心编写了《西藏气候变化监测公报(2022年)》。该公报共分6章，分别从大气圈(气温、降水、极端气候事件指数、天气现象)、冰雪圈(冰川、积雪、冻土)和陆面生态(地表温度、湖泊、陆地植被、区域生态气候)等方面揭示了20世纪中叶以来西藏自治区气候变化的科学事实，可为政府有效制定气候变化政策、提升气候变化业务能力、开展应对气候变化宣传提供科学依据。

本公报可供各级政府部门决策时参阅，也可供气象、生态环境、农牧业、林业、水利、自然资源等部门从事气候和气候变化相关学科的专业技术人员和管理人员参考。

图书在版编目（CIP）数据

西藏气候变化监测公报. 2022年 / 边多, 扎西央宗, 陈涛主编. -- 北京 : 气象出版社, 2023.11
ISBN 978-7-5029-8091-7

Ⅰ. ①西… Ⅱ. ①边… ②扎… ③陈… Ⅲ. ①气候变化－监测－西藏－2022－年报 Ⅳ. ①P467

中国国家版本馆CIP数据核字(2023)第215688号

审图号：藏S(2023)029号

西藏气候变化监测公报(2022年)
Xizang Qihou Bianhua Jiance Gongbao (2022 Nian)

出版发行：气象出版社
地　　址：北京市海淀区中关村南大街46号　　**邮政编码**：100081
电　　话：010-68407112(总编室)　010-68408042(发行部)
网　　址：http://www.qxcbs.com　　**E-mail**：qxcbs@cma.gov.cn
责任编辑：陈　红　　**终　　审**：张　斌
责任校对：张硕杰　　**责任技编**：赵相宁
封面设计：地大彩印设计中心
印　　刷：北京建宏印刷有限公司
开　　本：787 mm×1092 mm　1/16　　**印　　张**：8
字　　数：205千字
版　　次：2023年11月第1版　　**印　　次**：2023年11月第1次印刷
定　　价：80.00元

《西藏气候变化监测公报(2022年)》
编委会

编写组

主　　编：边　多　扎西央宗　陈　涛

副 主 编：李　林　曾　林　扎西欧珠　张伟华　黄晓清　马鹏飞

成　　员（按姓氏拼音排序）：

白玛仁增　边巴次仁　次　旺　次旺顿珠　次丹卓玛

德吉央宗　顿玉多吉　格桑丹增　拉　巴　拉　珍

普布多吉　肖卓靖　益西卓玛　张东东　卓　玛

编写单位

西藏自治区气候中心

西藏自治区遥感应用研究中心

高分辨率对地观测系统西藏数据与应用中心

前　言

气候是自然生态系统的重要组成部分，是人类赖以生存和发展的基础条件，也是经济社会可持续发展的重要资源。近百年来，受人类活动和自然因素的共同影响，全球正经历着以气候变暖为显著特征的变化。气候变化导致灾害性极端天气气候事件频发，积雪、冰川和冻土融化加速，水资源分布失衡，生物多样性受到威胁；受海水热膨胀和冰川冰盖消融影响，全球海平面持续上升，海岸带和沿海地区遭受更为严重的洪涝、风暴潮等自然灾害，低海拔岛屿和沿海低洼地带甚至面临被淹没的威胁。气候变化对全球自然生态系统和经济社会都产生了广泛影响。

青藏高原是气候变化的敏感区、生态环境的脆弱区，全球气候变化对青藏高原的影响日益显著，对西藏的自然生态环境和经济社会可持续发展的潜在影响日益加大。青藏高原又是影响我国中东部天气系统的上游地区，主要灾害性天气的策源地。因此，研究和分析青藏高原天气气候、气候变化及其影响，对科学应对气候变化、有效防御气象灾害意义重大而深远。

西藏自然资源丰富，但生态环境脆弱。气候的微小波动往往会引起环境的重大变化。要实现经济社会可持续发展，研究气候的重要性不言而喻。特别是近 62 年来，西藏气候的变化不仅导致了区域内各种气象灾害的频发和加剧，而且导致雪线上升、冰川退缩、冰湖溃决、冻土消融、病虫害加剧等，对区域的经济社会可持续发展构成严重威胁，影响了作为国家生态安全屏障的功能。

2011 年以来，西藏自治区气象局连续 12 年发布年度《西藏气候变化监测公报》。《西藏气候变化监测公报(2022 年)》给出了中国、亚洲和全球气候变化状态的最新监测信息，揭示了西藏 1961—2022 年大气圈(气温、降水、极端气候事件指数、天气现象)、冰雪圈(冰川、积雪、冻土)和陆面生态(地表温度、湖泊、植被、区域生态气候)等方面的基本科学事实。2020 年开始增加了西藏自治区主要气象灾害及其影响，2022 年增加了西藏自治区专题影响评价。

该公报得到了第二次青藏高原综合科学考察研究项目(2019QZKK0105-06、2019QZKK020809)和 2021 年度中央引导地方科技发展资金第一批项目“基于融雪过程的西藏雪灾时空动态定量预警技术”(XZ202102YD0012C)的资助。

在本书编写出版过程中，得到了西藏自治区气象局各级领导的关心，国家气候中心、西藏自治区气象信息网络中心提供了大量的气候系统观测资料和基础数据。在此，对提供支持的各位领导、单位和编写《西藏气候变化监测公报(2022年)》付出辛勤劳动的科技工作者以及西藏自治区党委宣传部益西旦增同志为本书提供封面图片表示诚挚的感谢！

由于编者水平有限，时间仓促，谬误在所难免，敬请读者批评指正！

编者

2023 年 7 月

编写说明

一、数据来源和其他背景

1. 本公报中全国、亚洲和全球气候变化数据引自中国气象局发布的《中国气候变化蓝皮书(2023)》。

2. 本公报中所用西藏数据均来自西藏自治区气象信息网络中心。

3. 本公报中常年值是指1981—2010年气候基准期的常年平均值。凡是使用其他平均期的值,则用"平均值"一词,全球温度距平是相对于1850—1900年的平均值。

4. 本公报中计算极端气候事件指数采用1981—2010年为气候基准期。

5. 本公报中1961—2022年西藏地表年平均气温、年降水量和年日照时数等气象要素,是指西藏18个气象站年平均气温、年降水量和年日照时数等气象要素的平均值。

6. 本公报中1981—2022年西藏年平均地表温度、年积雪日数等气象要素,是指西藏38个气象站(附图)年平均地表温度、年积雪日数等气象要素的平均值。

7. 本公报中Landsat系列卫星数据来自地理空间数据云(https://www.gscloud.cn/),高分系列卫星数据由中国资源卫星应用中心(https://data.cresda.cn/)或高分辨率对地观测系统网格平台(https://www.cheosgrid.org.cn/)获取。

8. 本公报中积雪面积、积雪覆盖率卫星数据来自美国冰雪研究中心制作的MODIS/EOS 8 d合成卫星积雪产品(MOD10A2)。

9. 本公报中植被指数数据来自美国国家航空航天局(https://www.sogou.com/)基于MODIS制作的16 d合成植被指数产品(MOD13Q1)。

10. 本公报中湖泊和冰川分析数据均采用陆地资源(Landsat/MSS、Landsat/TM和Landsat/ETM+、Landsat/OLI)和高分1号(GF1/WFV)卫星数据。2000—2012年为Landsat卫星数据,2013—2022年为GF1卫星数据。遥感数据获取时间均为相应年份9—11月水位、冰川较稳定的季节。班公错湖面面积仅统计西藏境内区域。

湖泊、冰川面积统计方法:打开ArcMap的属性表,利用Calculate Geometry工具计算分别得到湖泊、冰川面积,单位为km^2。

气象要素趋势变化率,采用公式(1)进行估计:

$$Y=a_0+a_1t \tag{1}$$

式中,Y为气象要素变化率;t为时间;a_0为常数项;a_1为线性趋势项,$a_1>0$时,说明序列随时间呈上升趋势,$a_1<0$时,说明序列随时间呈下降趋势。

湖泊、冰川变化率,量化湖泊年际变化的程度和趋势,其公式为:

$$\Delta U=(U_b-U_a)/U_a\times 100\% \quad (2)$$

式中，ΔU 为变化率，$\Delta U>0$ 时，说明湖泊、冰川面积扩张，$\Delta U<0$ 时，说明湖泊、冰川面积萎缩；U_a 为研究初期的湖泊、冰川面积；U_b 为研究末期的湖泊、冰川面积；最终以百分比的形式表示。

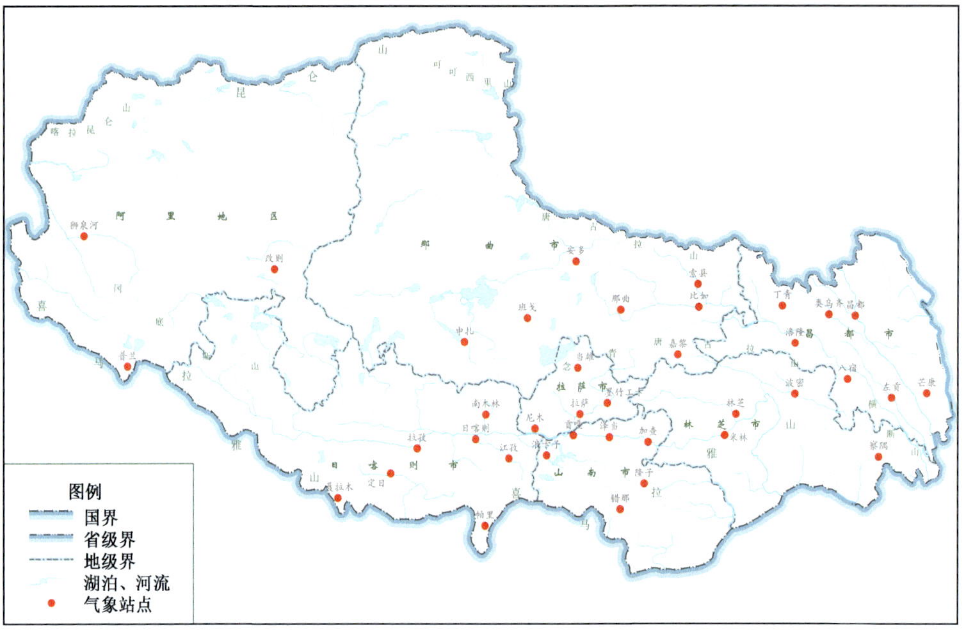

附图　西藏自治区 38 个气象站分布

（本图基于西藏自治区自然资源厅提供的“西藏自治区地图基本要素版 A4”制作，未对底图进行任何修改，正文中的图例与此图一致）

二、术语表

全球平均温度：指与人类生活的生物圈关系密切的平均地球表面的温度，通常是基于按面积加权的海洋表面温度(SST)和距陆地表面 1.5 m 处高度气温的全球平均值。

陆地表面平均气温：指某一段时间内，陆地表面气象观测规定高度(1.5 m)上的空气温度值的面积加权平均值。

地表温度：指某一段时间内，陆地表面与空气交界处的温度。

西藏地表平均气温：指某一段时间内，西藏自治区气象站地面气象观测规定高度(1.5 m)上的空气温度值的平均值。

西藏平均年降水量：指西藏自治区气象站一年降水量总和的平均值。

西藏平均年降水日数：指西藏自治区气象站一年中降水量≥0.1 mm 日数的平均值。

活动积温：指植物在整个年生长期中高于生物学最低温度之和，即大于某一临界温度值的日平均气温的总和。

霜冻日数：每年日最低气温低于 0 ℃的天数。

结冰日数：每年日最高气温低于 0 ℃的天数。

生长季长度：每年日平均气温大于 5 ℃的天数。

暖昼日数：日最高气温大于历史同期第 90%分位值的日数。

冷昼日数：日最高气温小于历史同期第 10%分位值的日数。

暖夜日数：日最低气温大于历史同期第 90%分位值的日数。

冷夜日数：日最低气温小于历史同期第 10%分位值的日数。

日最大降水量：每年最大的 1 日降水量。

连续 5 日最大降水量：每年连续 5 日的最大降水量。

降水强度：日降水量≥1.0 mm 的总降水量与降水日数的比值。

中雨日数：日降水量≥10 mm 的日数。

大雨日数：日降水量≥20 mm 的日数。

强降水量：日降水量大于基准期内第 95%分位值的总降水量。

极强降水量：日降水量大于基准期内第 99%分位值的总降水量。

连续干旱日数：日降水量<1.0 mm 的最大连续日数。

连续湿润日：日降水量≥1.0 mm 的最大连续日数。

霜：指近地气层的温度降到 0 ℃以下水汽凝华的一种现象，一天中凡出现白霜现象时统计为一个霜日。

冰雹：一天中凡出现冰雹天气现象时统计为一个冰雹日。

大风日数：凡出现瞬时风速≥17.2 m/s 的当天统计为一个大风日。

雷暴：气象观测站在一天内听到雷声则记录当地为一个雷暴日。

沙尘暴：一天中凡出现能见度<1 km 沙尘暴天气现象时统计为一个沙尘暴日。

最大冻土层深度：冻土层深度指地面以下最深的冻土层到地面的距离。最大冻土层深度指某段时间内冻土层深度达到的最大值。

粒雪线：指冰川表层大面积粒雪的下限，大体上构成冰面上冰雪积累区和消融区之间的界限。

遥感：指非接触的、远距离的探测技术。一般指运用传感器/遥感器对物体的电磁波的辐射、反射特性进行探测，并根据其特性对物体的性质、特征和状态进行分析的理论、方法和应用的科学技术。

卫星影像图：是一种具有一定数学基础，由多幅卫星遥感影像按其地理坐标镶嵌拼接而成的影像图。

内陆湖：指在大陆的内部，湖水不直接或间接入海，水源主要靠内流河、地下水、冰雪融水供应，水源的消耗主要是蒸发与渗漏。

浮冰：又称流冰，所有自由漂浮于海面、能随风和海流漂移的冰的总称。

冰舌：指山岳冰川从粒雪盆流出的舌状冰体，冰舌区是冰川作用最活跃的地段，大部分也是冰川的消融区。

悬冰川：山坡上的积雪，在适宜的条件下形成悬贴于山坡上的冰川而不下降到山麓。

大陆性冰川：是大陆性气候条件影响下发育的冰川，它的主要标志是冰川恒温层的温度处于负温状态。这类冰川的冰温低，故又称为“冷性”冰川。

冰湖：顾名思义是冰川融化形成的湖泊。有冰碛阻塞湖、冰下湖、冰内湖等。

冰湖溃决：指高山区特有的一种严重自然灾害，突发性强、规模巨大、破坏力强、防御困难、影响范围广，对下游地区人们的生命财产和基础设施带来极大破坏，是引发泥石流的主要原因。

归一化差分植被指数(NDVI):主要应用于检测植被生长状况、植被覆盖度等,是近红外、红光两个波段的反射率之差除以二者之和。

植被覆盖度:指植被(包括叶、茎、枝)在地面的垂直投影面积占统计区总面积的百分比,其为衡量生态绿化程度的数量指标,常用于植被变化、生态环境研究、水土保持、气候等方面。本公报植被覆盖度划分等级为 0～20%表示 0<NDVI≤20%,20%～40%表示 20%<NDVI≤40%,40%～60%表示 40%<NDVI≤60%,60%～80%表示 60%<NDVI≤80%,80%～100%表示 80%<NDVI≤100%。

植被净初级生产力(NPP):指绿色植物在单位面积、单位时间内所累积的有机物数量,一般以每平方米干物质的含量(克碳/平方米,gC/m^2)来表示。NPP 既是判定生态系统碳汇和调节生态过程的主要因子,更是直接反映植被群落在自然环境条件下的生产能力,表征陆地生态系统的质量状况的生产能力,表征陆地生态系统的质量状况。

植被生态质量指数:利用植被净初级生产力和植被覆盖度构成植被生态质量指数,综合监测评估植被生态质量的优劣,其值越大,表明植被生态质量越好。植被生态质量是衡量自然生态状况的关键指标。

草地植被地上生物量:单位面积草地在某一时刻地上所有植物的当年生物量,包括植物活体部分、立枯部分和凋落物。单位为千克每公顷(kg/hm^2)。

目 录

摘　　要

气候系统变暖趋势仍在持续。中国是全球气候变化的敏感区和影响显著区，升温速率高于同期全球水平，极端高温事件频发趋强，极端强降水事件增多，气候风险指数呈升高趋势。2022 年，全球平均温度较工业化前水平高出 1.13 ℃，为 1850 年有气象观测记录以来的第六高值；亚洲陆地表面平均气温较常年值偏高 1.0 ℃，是 1901 年以来的第二暖年份；中国地表平均气温较常年值偏高 0.92 ℃，为 20 世纪初以来的三个最暖年份之一，极端高温事件共发生 3501 站日，为 1961 年以来最多，高温和干旱风险指数均为 1961 年以来最高值。

1961—2022 年，西藏地表年平均气温呈显著上升趋势，平均每 10 年升高 0.33 ℃。2022 年，西藏地表年平均气温为 5.1 ℃，较常年值偏高 1.0 ℃，是 1961 年以来与 2010 年、2016 年和 2017 年并列的第三个偏暖年份。

1961—2022 年，西藏地表年平均最高气温呈明显升高趋势，平均每 10 年升高 0.29 ℃，但低于年平均气温和年平均最低气温的上升速率；地表年平均最低气温呈显著升高趋势，平均每 10 年升高 0.42 ℃，高于年平均气温的升温率。2022 年，西藏地表年平均最高气温为 12.8 ℃，比常年值偏高 1.1 ℃，是 1961 年以来与 2007 年并列的第六个高值年份；年平均最低气温为 −1.1 ℃，比常年值偏高 1.2 ℃，是 1961 年以来的第二个高值年份，仅次于 2021 年。

1961—2022 年，西藏气温年较差表现为明显变小趋势，平均每 10 年减小 0.17 ℃。2022 年，西藏气温年较差为 21.5 ℃，较常年值偏大 2.4 ℃，为 1961 年以来的第五个高值年份。

1961—2022 年，西藏平均年降水量呈增加趋势，平均每 10 年增加 7.58 mm。2022 年，西藏平均年降水量为 475.1 mm，比常年值偏多 13.0 mm。

1961—2022 年，西藏年平均相对湿度呈“减—增—减”的年际变化。2022 年，西藏年平均相对湿度为 48%，比常年值偏低 4%，仍处在干燥期，是 1961 年以来与 2011 年、2014 年、2019 年和 2020 年并列的第九偏低年份。

1961—2022 年，西藏年平均风速呈显著减小趋势，平均每 10 年减小 0.05 m/s。2022 年，西藏年平均风速为 2.3 m/s，与常年值持平，2015—2021 年西藏年平均风速无变化。

1961—2022 年，西藏日平均气温≥0 ℃初日呈显著提早趋势，平均每 10 年提早 3.1 d，在不同海拔高度上，初日均表现为提早趋势。2022 年，西藏日平均气温≥0 ℃ 初日为 3 月 13 日，较常年值提早 17 d，是 1961 年以来与 2017 年并列的第三早年份。海拔 4500 m 以上地区为 4 月 19 日，较常年偏早 44 d，为 1961 年以来的第三早年份；海拔 3200～4500 m 地区为 3 月 9 日，较常年偏早 15 d；海拔 3200 m 以下地区为 2 月 11 日，较常年偏晚 15 d。

1961—2022 年，西藏平均年极端最高气温和极端最低气温均呈明显升高趋势，平均每 10 年分别升高 0.25 ℃和 0.56 ℃。2022 年，西藏平均年极端最高气温于 8 月 9 日出现在昌都，为 33.1 ℃；平均年极端最低气温于 1 月 1 日出现在改则，为 −37.4 ℃。

1961—2022 年，西藏平均年最高气温极小值和最低气温极大值都表现为明显升高趋势，平均每 10 年分别升高 0.21 ℃和 0.36 ℃。2022 年，西藏平均年最高气温极小值为−4.8 ℃，较常年值偏低 0.4 ℃，为 1961 年以来并列的第二十四个偏低年份；平均年最低气温极大值为 12.5 ℃，较常年值偏高 1.6 ℃，为 1961 年以来的第二个高值年份。

1961—2022 年，西藏平均年暖昼日数呈显著增加趋势，平均每 10 年增幅 4.24 d。2022 年，西藏平均年暖昼日数为 67.9 d，较常年值偏多 32.0 d，为 1961 年以来的第一个偏多年份；平均年冷昼日数为 43.9 d，较常年值偏多 7.8 d，为 1961 年以来的第二十一个偏多年份。

1961—2022 年，西藏平均年暖夜日数表现出显著的增加趋势，平均每 10 年增幅 7.4 d。2022 年，西藏平均年暖夜日数为 61.0 d，较常年值偏多 25.7 d，为 1961 年以来的第五个偏多年份；平均年冷夜日数为 29.6 d，较常年值偏少 6.4 d，是 1961 年以来的第十六个偏少年份。

1961—2022 年，西藏平均年霜冻日数和结冰日数均表现为显著减少趋势，平均每 10 年分别减少 5.2 d 和 2.7 d。2022 年，西藏平均年霜冻日为 177.1 d，较常年值偏少 23.8 d，是 1961 年以来的第一个偏少年份；平均年结冰日数为 30.9 d，较常年值偏少 0.7 d，是 1961 年以来的第三十个偏少年份。

1961—2022 年，西藏平均年生长季长度呈明显延长趋势，平均每 10 年延长 4.1 d。2022 年，西藏平均年生长季长度为 198.1 d，较常年值偏多 7.8 d，是 1961 年以来的并列的第十一个偏多年份。

1961—2022 年，西藏平均 1 日最大降水量和连续 5 日最大降水量都表现为较弱的增加趋势，平均每 10 年分别增幅 0.32 mm 和 0.57 mm。2022 年，西藏平均 1 日最大降水量为 27.2 mm，比常年值偏少 0.5 mm；平均连续 5 日最大降水量为 57.0 mm，比常年值偏少 2.3 mm。

1961—2022 年，西藏平均年降水强度呈弱的增加趋势，平均每 10 年增大 0.05 mm/d。2022 年，西藏平均年降水强度为 5.94 mm/d，比常年值略偏大 0.11 mm/d。

1961—2022 年，西藏平均年中雨日数呈增加趋势，平均每 10 年增幅为 0.33 d；平均年大雨日数表现为弱的增加趋势，平均每 10 年增幅 0.09 d。2022 年，西藏平均年中雨日数为 12.50 d，较常年值偏少 0.60 d，为 1961 年以来的第二十五偏少年份；平均年大雨日数为 2.39 d，较常年值略偏少 0.17 d，是 1961 年以来的第二十四偏少年份。

1961—2022 年，西藏平均年连续干旱日数呈显著减少趋势，平均每 10 年减少 3.4 d；平均年连续湿润日数呈弱的增加趋势，平均每 10 年增幅为 0.04 d。2022 年，西藏平均年连续干旱日数为 75.5 d，较常年值偏少 28.5 d，为 1961 年以来的第四少年份；平均年连续湿润日数为 8.2 d，较常年值偏少 0.4 d，是 1961 年以来并列的第二十三少年份。

1961—2022 年，西藏平均年强降水量和年极强降水量都表现为增加趋势，平均每 10 年分别增幅 3.61 mm 和 1.50 mm。2022 年，西藏平均年强降水量为 93.16 mm，较常年值偏多 6.06 mm，为 1961 年以来的第二十八个偏多年份；平均年极强降水量为 25.66 mm，较常年值偏多 0.57 mm，是 1961 年以来的第二十九个偏多年份。

1961—2022 年，西藏平均年霜日数呈明显增加趋势，平均每 10 年增加 1.55 d。2022 年，西藏平均年霜日数为 70 d，较常年值偏少 54 d，是 1961 年以来的第三少年份。

1961—2022 年，西藏平均年冰雹日数呈明显减少趋势，平均每 10 年减少 2.15 d。2022 年，西藏平均年冰雹日数为 0.1 d，较常年值偏少 10.2 d，是 1961 年以来的最少年份。

1965—2022 年，西藏平均年大风日数呈明显减少趋势，平均每 10 年减少 9.00 d。2022

年，西藏平均年大风日数为 26 d，较常年值偏少 20 d，为 1965 年以来的第三个偏少年份。

1961—2022 年，西藏平均年沙尘暴日数呈显著减少趋势，平均每 10 年减少 1.18 d。

1972—2022 年，对分布在羌塘高原、喜马拉雅山脉监测的七个冰川面积均呈减小趋势。申扎杰岗日冰川面积平均每 10 年减小 13.18 km^2，冲巴雍曲流域内冰川面积平均每 10 年减小约 7.08 km^2，卡若拉冰川面积平均每 10 年减小 0.07 km^2；杰马央宗冰川面积平均每 10 年减小1.4 km^2，冰川末端冰湖面积平均每 10 年增加 0.23 km^2。

1981—2022 年，西藏平均年积雪日数呈明显减少趋势，平均每 10 年减少 4.99 d。藏北地区减少幅度较为明显，南部边缘地区也趋于减少。2022 年，西藏平均年积雪日数为 11.9 d，比常年值偏少 17.1 d，是 1981 年以来的第二偏少年份。藏北地区平均年积雪日数为 13.7 d，比常年值偏少 37.6 d，是 1981 年以来的最少年份；南部边缘地区平均年积雪日数为 42.3 d，比常年值偏少 34.7 d，为 1981 年以来的第五个偏少年份。

1981—2022 年，西藏平均年最大积雪深度呈减小趋势，平均每 10 年减小 0.47 cm。藏北地区减小趋势相对较大，南部边缘地区减幅相对较小。2022 年，西藏平均最大年积雪深度为 6.5 cm，较常年值偏浅 1.6 cm。藏北地区平均最大年积雪深度为 3.9 cm，较常年值偏浅 4.7 cm，为 1981 年以来的第二个偏浅年份；南部边缘地区平均最大年积雪深度为 41.3 cm，较常年值偏深 6.1 cm。

2001—2022 年，卫星积雪产品监测显示，西藏积雪面积呈增大趋势，2019 年是 2001 年以来西藏积雪面积最大的年份，2010 年积雪面积最小。2022 年，西藏积雪时空变化分布特征总体与多年积雪时空变化相吻合，积雪频率高于 50%以上的地区分布在喜马拉雅山脉、冈底斯山脉之间的河谷地带、昆仑山脉、念青唐古拉山脉和藏东南地区，占西藏总面积的 28.6%，冬季占比最多。积雪覆盖度 0～10%占西藏总面积的 23.9%，主要集中分布在中西部偏西南区域。

1961 年以来，西藏 16 个气象观测站冻土监测记录显示，西藏季节性最大冻土深度呈持续减小趋势，不同海拔地区减小特征趋同存异。2022 年，海拔 4500 m 以上地区最大冻土深度为 219 cm，较常年值减小 26 cm；海拔 3200～4500 m 地区最大冻土深度为 47 cm，较常年值减小 2 cm；海拔 3200 m 以下地区最大冻土深度为 11 cm，较常年值偏深 1 cm。

1971—2022 年，西藏 16 个气象观测站冻土监测记录显示，西藏土壤冻结开始日期在各海拔高度上均呈推迟趋势。海拔 4500 m 以上地区推迟最为明显，平均每 10 年推迟 5.51 d；海拔 3200～4500 m 地区平均每 10 年推迟 2.88 d；海拔 3200 m 以下地区平均每 10 年推迟 0.7 d。2022 年，海拔 4500 m 以上地区土壤冻结平均开始日期为 10 月 31 日，较常年值偏晚 17 d；海拔 3200～4500 m 地区土壤冻结平均开始日期为 10 月 31 日，较常年值偏晚 5 d；海拔 3200 m 以下土壤冻结平均开始日期为 12 月 10 日，较常年值偏晚 20 d，为 1971 年以来的第四个偏晚年份。

1971—2022 年，西藏 16 个气象观测站土壤冻结终止日期（土壤解冻日期）在不同海拔高度上均呈提早趋势。海拔 4500 m 以上地区偏早最为明显，平均每 10 年提早 6.93 d；海拔 3200～4500 m 地区平均每 10 年提早 5.66 d；海拔 3200 m 以下地区平均每 10 年提早 2.56 d。2022 年，海拔 4500 m 以上地区土壤冻结终止平均日期为 5 月 9 日，较常年值偏早 22 d，为 1971 年以来的第四个偏早年份；海拔 3200～4500 m 地区土壤冻结终止平均日期为 4 月 7 日，较常年值偏早 1 d；海拔 3200 m 以下地区土壤冻结终止平均日期为 3 月 31 日，较常年值偏迟

29 d,为 1971 年以来的第四个偏迟年份。

1971—2022 年,海拔 4500 m 以上地区土壤冻结期缩短趋势最为明显,平均每 10 年缩短 12.14 d;海拔 3200～4500 m 地区土壤冻结期平均每 10 年缩短 8.33 d;海拔 3200 m 以下地区土壤冻结期呈不明显的缩短趋势,平均每 10 年缩短 2.99 d。2022 年,海拔 4500 m 以上地区平均土壤冻结期为 164 d,较常年值缩短 66 d,是 1971 年以来的最短年份;海拔 3200～4500 m 地区平均土壤冻结期为 147 d,较常年值缩短 17 d;海拔 3200 m 以下地区平均土壤冻结期为 116 d,较常年值延长 13 d。

1981—2022 年,西藏年地表温度呈显著上升趋势,平均每 10 年升幅 0.46 ℃。2022 年,西藏年平均地表温度为 10.1 ℃。

2000—2022 年,对分布在藏西北、藏南、藏东监测的 15 个湖泊中,除拉昂错、佩枯错、羊卓雍错、多庆错面积有所减小,其他 11 个湖泊面积均有所增大。其中,色林错面积扩张尤为明显,平均每年增大 21.69 km^2;羊卓雍错面积萎缩较明显,平均每年减小 3.41 km^2;多庆错面积平均每年减小 1.56 km^2。2022 年较 2000 年,色林错面积增大率为 29.29%,然乌湖面积增大率为 22.17%,多庆错面积减小率为 45.70%。

2000—2022 年,西藏包括川藏和青藏铁路沿线、拉萨—山南经济圈植被覆盖变化总体呈增长态势,全区大部分地区趋于稳定状态,改善区域植被面积大于退化区域。2020 年生长季(5—9 月)植被覆盖整体优于 2021 年和 2022 年。2022 年西藏草地地上(含干草)和鲜草生物量平均值较 2021 年也有所减少。

1961—2022 年,西藏植被气候生产潜力呈显著增加趋势,平均每 10 年增加 124.14 kg/hm^2。

2022 年,西藏气象灾害属于一般年景。因气象灾害造成 16.4 万人受灾,其中,死亡 8 人;农作物受灾面积 0.8 万公顷;直接经济损失 1.2 亿元。主要农区气温偏高,降水正常或偏少,日照充足,光、温、水匹配较好,空气质量状况总体显示优。拉萨全年人体舒适度指数 3.0 级,凉,紫外线强度 4.8 级,强。

第 1 章　全球与全国气候变化

本章以引用文献的方式，根据《中国气候变化蓝皮书(2023)》(以下简称《蓝皮书》)(巢清尘等，2023)，介绍全球、亚洲地表平均温度的变化趋势以及中国地表气温、降水量的气候变化事实。《蓝皮书》显示：气候系统变暖趋势仍在持续，中国是全球气候变化的敏感区和影响显著区，气候风险指数呈升高趋势。2022 年，中国夏季平均气温、多年冻土区活动层厚度等气候变化指标创下新高。

1.1　全球地表平均温度

全球变暖趋势仍在持续。中国气象局全球表面温度数据集分析表明，2022 年全球平均温度较工业化前水平(1850—1900 年平均值)高出 1.13 ℃，为 1850 年有气象观测记录以来的第六个高值年份；2015—2022 年是有气象观测记录以来最暖的八个年份。最近 10 年(2013—2022 年)全球平均温度较工业化前水平高出 1.14 ℃，较 2011—2020 年平均值高 0.05 ℃(图 1.1)。2022 年，亚洲陆地表面平均气温较常年值(本报告使用 1981—2010 年气候基准期)偏高1.0 ℃，是 1901 年以来的第二暖年份(图 1.2)。

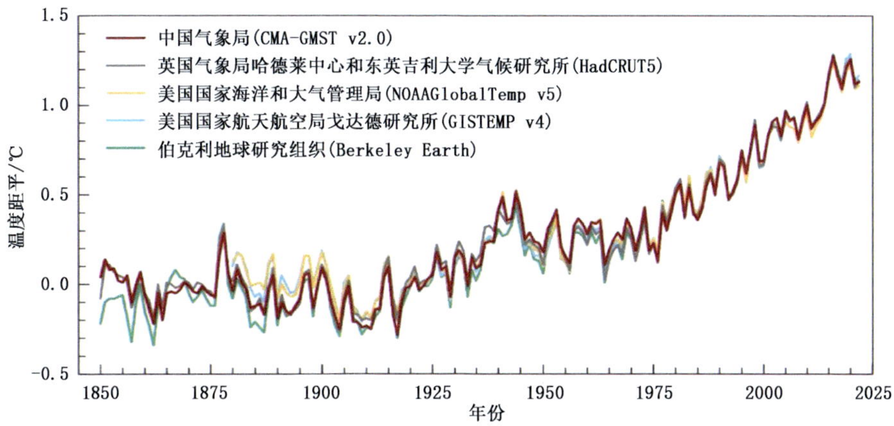

图 1.1　1850—2022 年全球平均温度距平变化(相对于 1850—1900 年平均值)

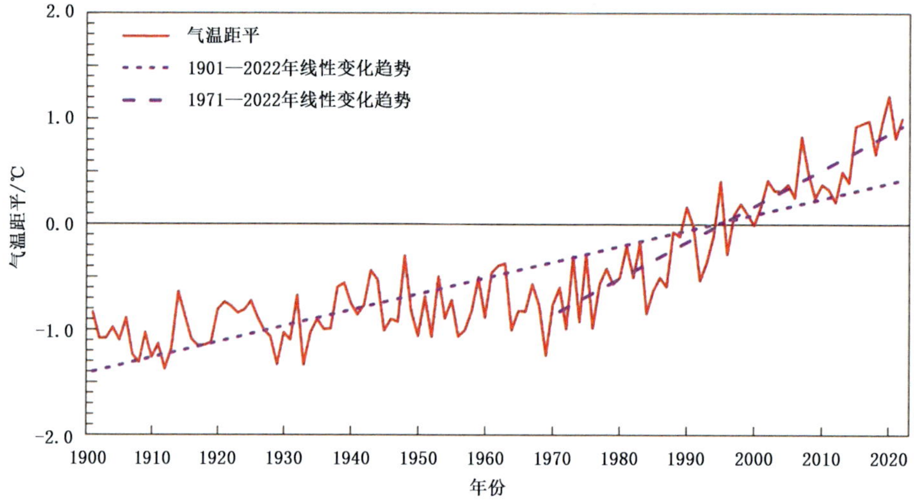

图 1.2 1901—2022 年亚洲陆地表面年平均气温距平变化

1.2 全国气候特征

1.2.1 气温

全国升温速率高于同期全球水平，极端高温事件频发趋强。1901—2022 年，全国地表年平均气温呈显著上升趋势，平均每 10 年升高 0.16 ℃，高于同期全球平均升温水平。2022 年全国地表平均气温较常年值偏高 0.92 ℃，为 20 世纪初以来的三个最暖年份之一（图 1.3）。1961—2022 年，全国极端高温事件发生频次呈显著增加趋势。2022 年，全国共发生极端高温事件 3501 站日，极端高温事件频次为 1961 年以来最多；其中，重庆北碚（45.0 ℃）和江津（44.7 ℃）、湖北竹山（44.6 ℃）等共计 366 站日最高气温突破历史极值（图 1.4）。

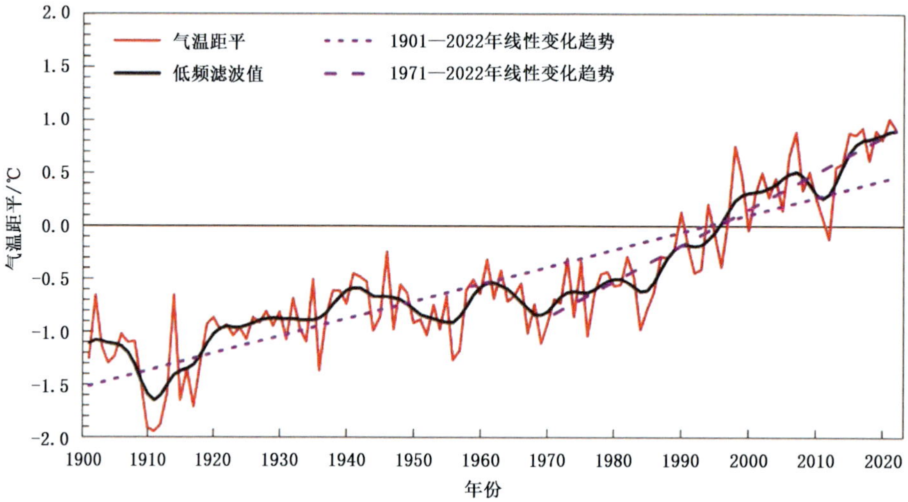

图 1.3 1901—2022 年全国地表年平均气温距平变化

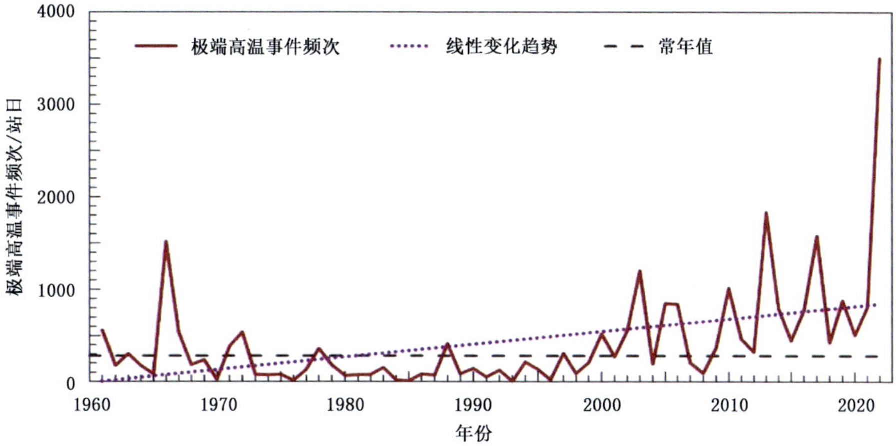

图 1.4　1961—2022 年全国极端高温事件频次变化

1.2.2　降水

全国平均年降水量呈增加趋势，极端强降水事件增多。1961—2022 年，全国平均年降水量呈增加趋势，平均每 10 年增加 0.8%。降水变化区域差异明显，青藏地区平均年降水量呈显著增多趋势，平均每 10 年增加 9.4 mm；西南地区平均年降水量总体呈减少趋势，平均每 10 年减少 9.6 mm（图 1.5）。1961—2022 年，全国极端日降水量事件频次呈增加趋势，平均每 10 年增多 18 站日；全国年累计暴雨（日降水量≥50 mm）站日数呈增加趋势，平均每 10 年增加 4.2%（图 1.6）。

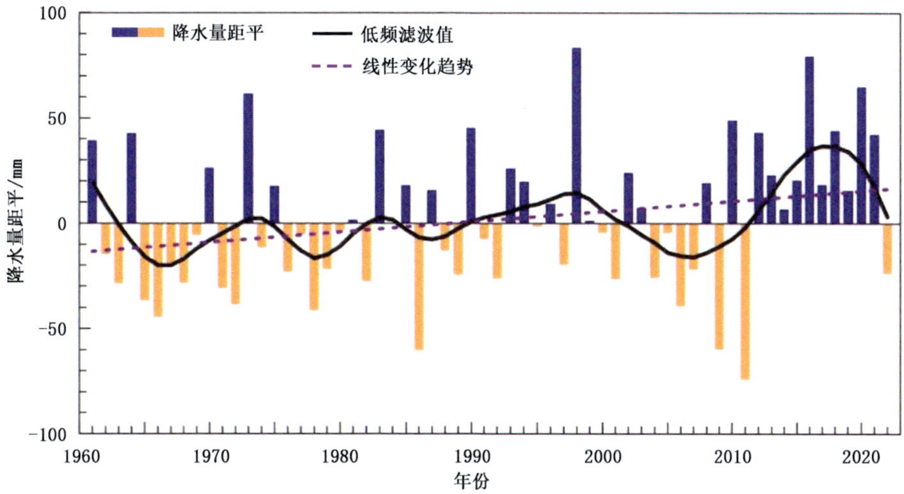

图 1.5　1961—2022 年全国平均年降水量距平变化

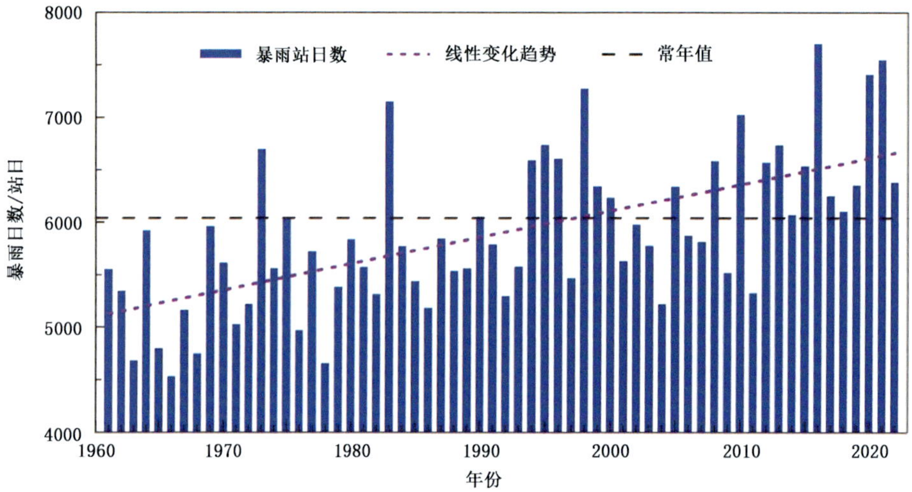

图 1.6　1961—2022 年全国年累计暴雨站日数变化

1.3　全国气候风险

1961—2022 年，全国气候风险指数呈升高趋势。2022 年，高温和干旱风险指数均为 1961 年以来的最高值(图 1.7)。

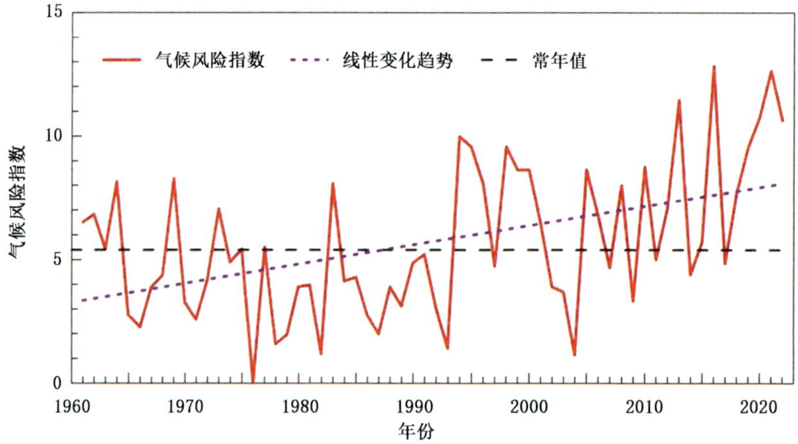

图 1.7　1961—2022 年全国气候风险指数变化

第 2 章　西藏自治区气候要素的变化

在全球气候变暖的大背景下，西藏气候也发生了明显的变化。近 62 年（1961—2022 年）总体上呈暖湿化的特征，平均风速、平均年连续干旱日数、平均年霜冻（结冰）日数、沙尘暴日数均呈显著减少趋势，气温年较差、平均年冰雹日数和年大风日数呈明显减少趋势，年平均气温呈显著上升趋势，地表年平均最高气温、年极端最高（最低）气温、年最高气温极小值（最低气温极大值）均呈明显升高趋势，年暖昼（暖夜）日数呈显著增加趋势，平均年霜日数呈明显增加趋势，平均年强（极强）降水量、年中雨日数都表现为增加趋势，年平均相对湿度呈“减—增—减”的年际变化，日平均气温≥0 ℃初日呈显著提早趋势，平均年生长季长度呈明显延长趋势，1 日（连续 5 日）最大降水量、年大雨日数、平均年连续湿润日数均表现为弱的增加趋势。

2.1　基本要素

2.1.1　平均气温

2.1.1.1　全区

1961—2022 年，西藏地表年平均气温呈显著上升趋势，平均每 10 年升高 0.33 ℃（$P<0.01$，P 为显著性检验，下同）（图 2.1），升温主要表现在秋、冬两季（表 2.1），尤其是 1991—2022 年升温更加明显，秋、冬两季升温率分别为 0.53 ℃/10a、0.50 ℃/10a；其次是夏季，平均每

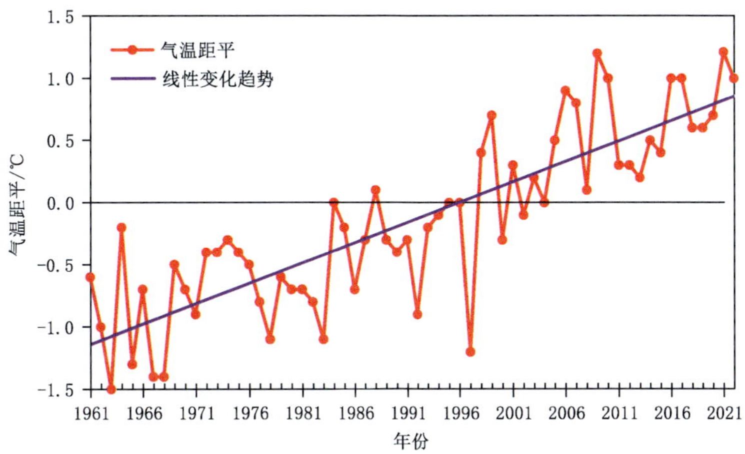

图 2.1　1961—2022 年西藏地表年平均气温距平变化

10 年升高 0.48 ℃；春季升温率最小，为 0.25 ℃/10a。2022 年，西藏地表年平均气温为5.1 ℃，较常年值偏高 1.0 ℃，是 1961 年以来与 2010 年、2016 年和 2017 年并列的第三个偏暖年份。

从 1961—2022 年西藏地表年平均气温变化趋势空间分布来看（图 2.2），各站年平均气温均呈显著升高趋势，平均每 10 年升高 0.20～0.53 ℃（$P<0.01$），其中，那曲最大，其次是拉萨（0.50 ℃/10a），昌都最小。

表 2.1　西藏地表平均气温升温率(℃/10a)

时间段(年)	年	冬季	春季	夏季	秋季
1961—2022	0.33***	0.41***	0.26***	0.28***	0.37***
1991—2022	0.44***	0.50***	0.25*	0.48***	0.53***

注：*，*** 分别表示通过 0.1，0.01 显著性检验。

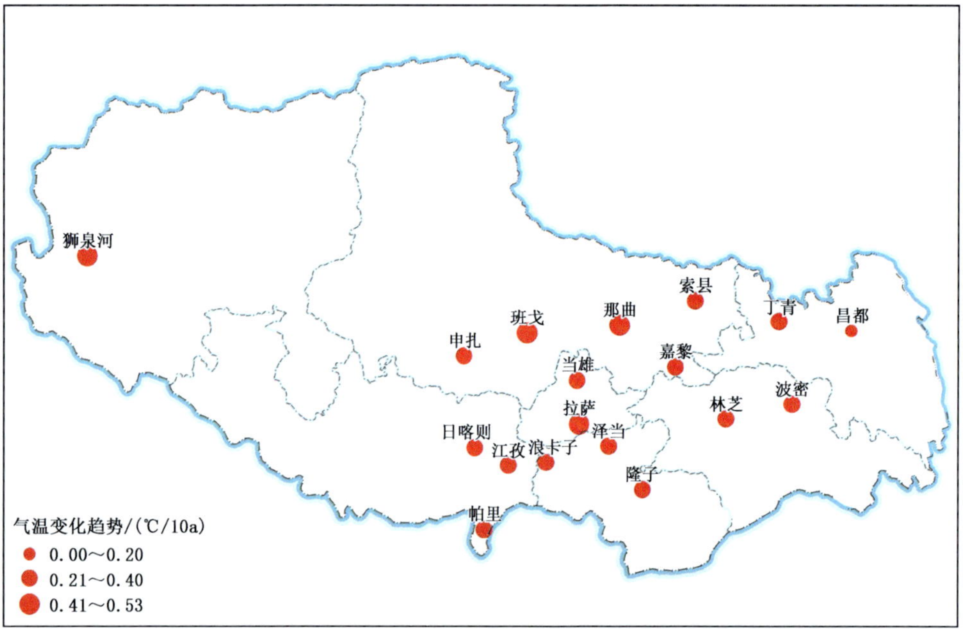

图 2.2　1961—2022 年西藏地表年平均气温变化趋势空间分布

从 1961—2022 年西藏地表四季平均气温变化趋势空间分布来看，各站四季的平均气温均表现为升高趋势，主要表现在秋、冬两季。春季各站升温率为 0.09～0.50 ℃/10a（图 2.3a，除昌都、嘉黎外，其余站 $P<0.01$），其中狮泉河最高，拉萨次之（0.43 ℃/10a），嘉黎最低。夏季各站升温率为 0.15～0.46 ℃/10a（图 2.3b，所有站 $P<0.01$），拉萨最高，其次是那曲（0.40 ℃/10a），嘉黎最低。秋季各站升温率为 0.18～0.57 ℃/10a（图 2.3c，所有站 $P<0.01$），那曲最高，其次是拉萨（0.56 ℃/10a），昌都最低。冬季各站升温率为 0.18～0.78 ℃/10a（图 2.3d，所有站 $P<0.01$），班戈最高，那曲次之（0.74 ℃/10a），隆子最低，其中当雄、拉萨、那曲和班戈升温率大于 0.50 ℃/10a。

根据 1981—2022 年西藏全区及七地（市）地表年平均气温变化趋势来看（图 2.4），七地（市）气温呈明显上升趋势。阿里地区升温率最大，为 0.52 ℃/10a，其次是那曲市，为 0.48 ℃/10a，山南市最小，为 0.27 ℃/10a，拉萨市、昌都市、林芝市和日喀则市升温率分别为 0.39 ℃/10a、0.38 ℃/10a、0.35 ℃/10a 和 0.34 ℃/10a。

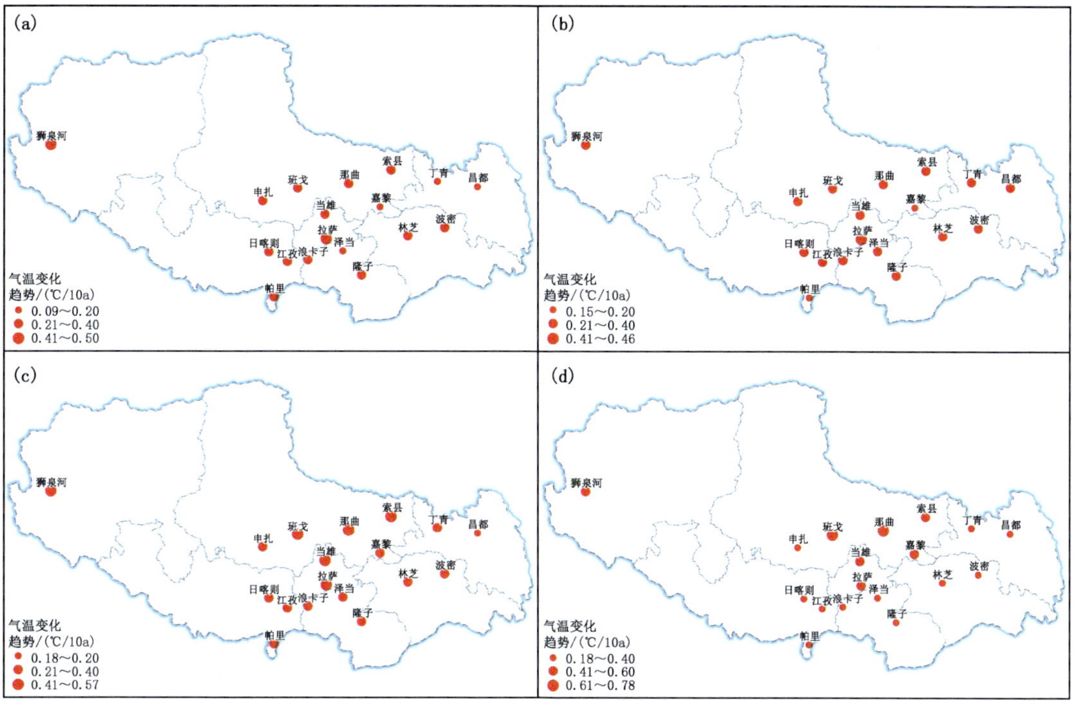

图 2.3　1961—2022 年西藏地表四季平均气温变化趋势空间分布

(a)春季，(b)夏季，c 秋季，(d)冬季

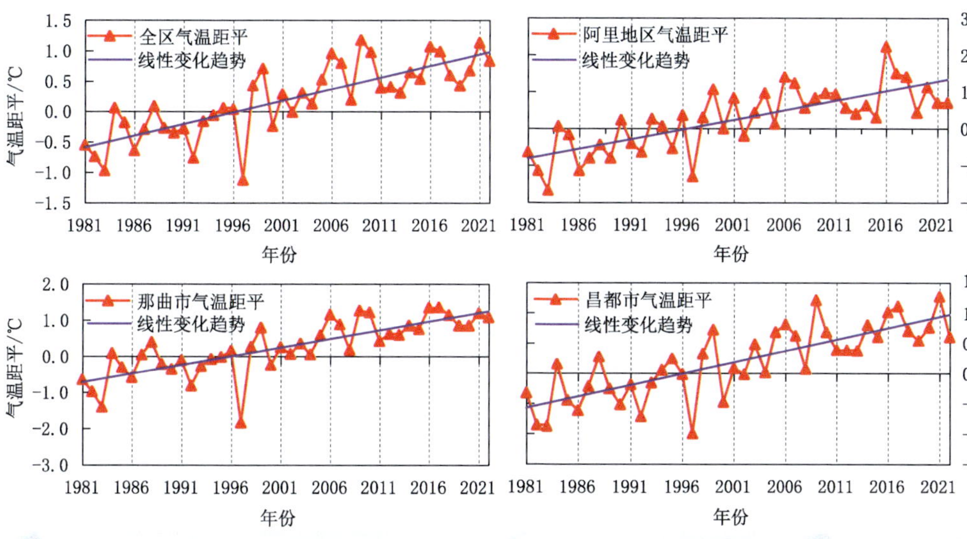

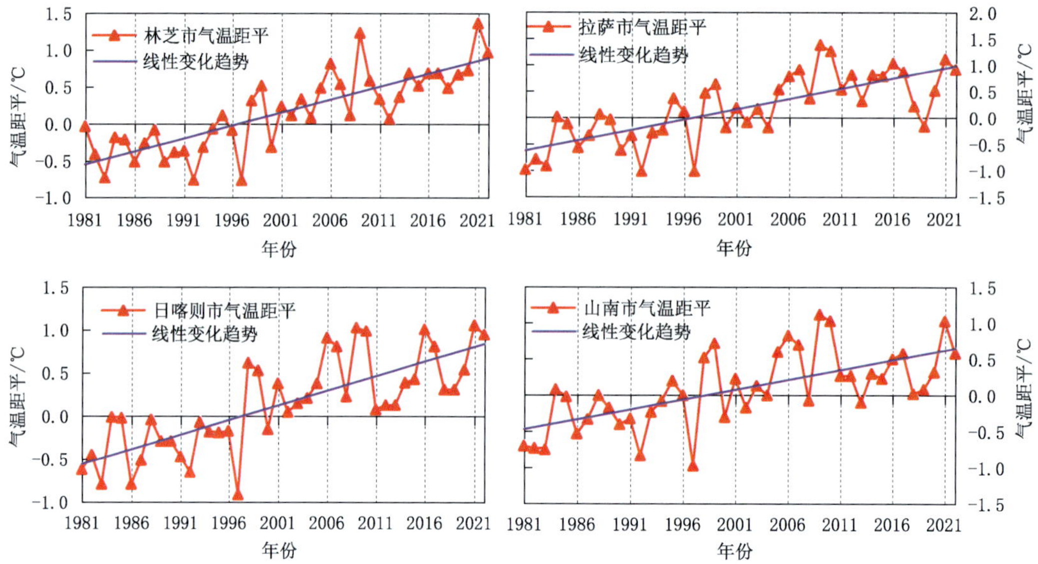

图 2.4　1981—2022 年西藏全区及七地(市)地表年平均气温距平变化

2.1.1.2　拉萨(国家基本气象站)

1952—2022 年,拉萨地表年平均气温呈显著升高趋势,升温率为 0.39 ℃/10a($P<0.01$,图 2.5)。20 世纪 50—80 年代气温以偏低为主,进入 90 年代后,气温升高显著,1991—2022 年平均气温每 10 年升高 0.6 ℃/10a($P<0.01$)。

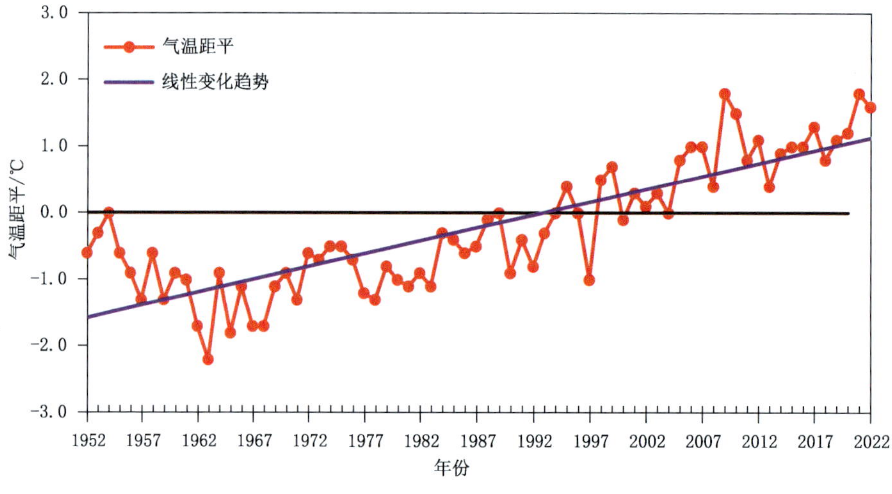

图 2.5　1952—2022 年拉萨地表年平均气温距平变化

2022 年,拉萨地表年平均气温为 10.1 ℃,较常年偏高 1.6 ℃,为 1952 年以来的第三个高值年份,仅次于 2021 年和 2009 年。从拉萨四季平均气温变化趋势来看(表 2.2),各时段平均气温表现为升高趋势,主要表现在夏、秋季,尤其是近 32 年(1991—2022 年),秋季升温率达 0.74 ℃/10a,夏季升温率次之,达 0.70 ℃/10a。

表 2.2　拉萨地表平均气温升温率(℃/10a)

时间段(年)	年	冬季	春季	夏季	秋季
1952—2022	0.39***	0.46***	0.28***	0.39***	0.42***
1981—2022	0.59***	0.64***	0.48***	0.50***	0.72***
1991—2022	0.60***	0.59***	0.39**	0.70***	0.74***

注：**，***分别表示通过 0.05，0.01 显著性检验。

从 10 年际变化尺度上来看(表 2.3)，20 世纪 60 年代以来，拉萨年、季地表平均气温呈逐年代增高的变化特征。20 世纪 60 年代是最冷的 10 年，而从 21 世纪最初 10 年开始，年、季增温明显，尤其近 10 年(2011—2020 年)平均气温持续偏高，比 21 世纪最初 10 年偏高 0.3 ℃，四季除冬季偏低 0.2 ℃外，其他各季偏高 0.3～0.6 ℃，秋季最为突出；比 20 世纪 60 年代偏高 2.8 ℃，各季偏高 2.1～2.8 ℃，因此，2011—2020 年表现为最暖的 10 年。

表 2.3　拉萨地表平均气温的各年代平均距平(℃)

年代	年	冬季	春季	夏季	秋季
20 世纪 50 年代	−0.7	−1.2	−0.1	−1.1	−0.6
20 世纪 60 年代	−1.4	−1.7	−1.2	−1.3	−1.5
20 世纪 70 年代	−0.9	−1.0	−0.8	−1.0	−0.7
20 世纪 80 年代	−0.6	−0.8	−0.7	−0.3	−0.7
20 世纪 90 年代	−0.1	−0.4	0.2	−0.3	0.0
21 世纪最初 10 年	0.7	1.1	0.5	0.5	0.7
2011—2020 年	1.0	0.9	1.0	0.8	1.3

注：距平为各年代平均值与 1981—2010 年平均值的差。

2.1.1.3　昌都(国家基准气候站)

1953—2022 年，昌都地表年平均气温呈显著升高趋势，升温率为 0.14 ℃/10a($P<0.01$，图 2.6)。20 世纪 50—80 年代气温以振荡为主，进入 90 年代后，气温明显升高，1991—2022 年升温率达 0.37 ℃/10a($P<0.01$)。2022 年，昌都地表年平均气温为 8.3 ℃，较常年值偏高 0.5 ℃，为 1953 年以来的第十三个高值年份。

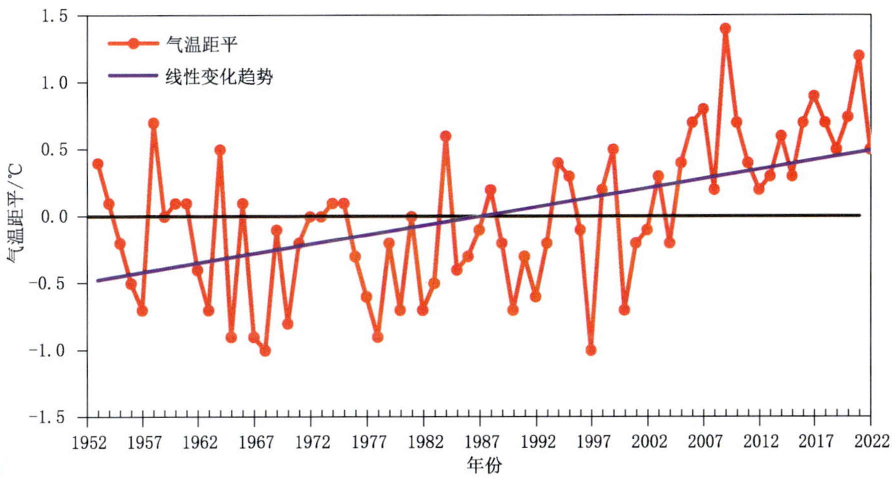

图 2.6　1953—2022 年昌都地表年平均气温距平变化

从昌都四季地表平均气温变化趋势来看(表 2.4),各时段气温均表现为升高趋势,尤其是冬季。1991—2022 年升温幅度较大,夏季升温率为 0.57 ℃/10a,秋、冬季升温率分别为 0.43 ℃/10a 、0.37 ℃/10a,春季幅度最小为 0.16 ℃/10a。

表 2.4　昌都地表平均气温升温率(℃/10a)

时间段(年)	年	冬季	春季	夏季	秋季
1953—2022	0.14***	0.23***	0.05	0.16***	0.12**
1981—2022	0.30***	0.36***	0.21**	0.31***	0.31***
1991—2022	0.37***	0.37**	0.16	0.57***	0.43***

注:**,***分别表示通过 0.05,0.01 显著性检验。

从 10 年际变化尺度上来看(表 2.5),20 世纪 60 年代以来,昌都年、季地表平均气温呈逐年代增高的变化特征,尤其是 21 世纪最初 10 年和近 10 年(2011—2020 年)增温更加显著。20 世纪 60 年代是最冷的 10 年,21 世纪近 10 年是最暖的 10 年。近 10 年气温持续偏高,比 21 世纪最初 10 年偏高 0.1 ℃,比 20 世纪 60 年代偏高 0.9 ℃;就四季而言,冬季比 20 世纪 60 年代偏高 1.3 ℃,其他各季偏高 0.4~1.1 ℃。

表 2.5　昌都地表平均气温的各年代平均距平(℃)

年代	年	冬季	春季	夏季	秋季
20 世纪 50 年代	0.0	−0.5	0.4	0.0	0.1
20 世纪 60 年代	−0.4	−0.8	−0.1	−0.4	−0.4
20 世纪 70 年代	−0.3	−0.7	−0.1	−0.3	−0.1
20 世纪 80 年代	−0.2	−0.4	−0.3	0.0	−0.2
20 世纪 90 年代	−0.1	−0.4	0.1	−0.3	−0.1
21 世纪最初 10 年	0.4	0.8	0.2	0.3	0.4
2011—2020 年	0.5	0.5	0.3	0.7	0.6

注:距平为各年代平均值与 1981—2010 年平均值的差。

2.1.2　平均最高气温和最低气温

2.1.2.1　全区

1961—2022 年,西藏地表年平均最低气温呈显著升高趋势(图 2.7a,表 2.6),平均每 10 年升高 0.42 ℃($P<0.01$),高于年平均气温的升温率;1991—2022 年升温率达到 0.51 ℃/10a($P<0.01$)。同样,地表年平均最高气温也呈明显升高趋势(图 2.7b,表 2.6),平均每 10 年升高 0.29 ℃($P<0.01$),但低于年平均气温和平均最低气温的上升速率。20 世纪 90 年代后平均最高、最低气温均呈显著上升趋势,近 32 年(1991—2022)年升温率分别达 0.47 ℃/10a、0.51 ℃/10a($P<0.01$)。四季平均最高、最低气温的升温主要表现在秋、冬季(表 2.6),尤其是近 32 年(1991—2022 年),秋季平均最高、最低气温升温率均达 0.58 ℃/10a($P<0.01$),冬季平均最高、最低气温升温率分别达 0.57 ℃/10a($P<0.01$)、0.49 ℃/10a($P<0.01$)。

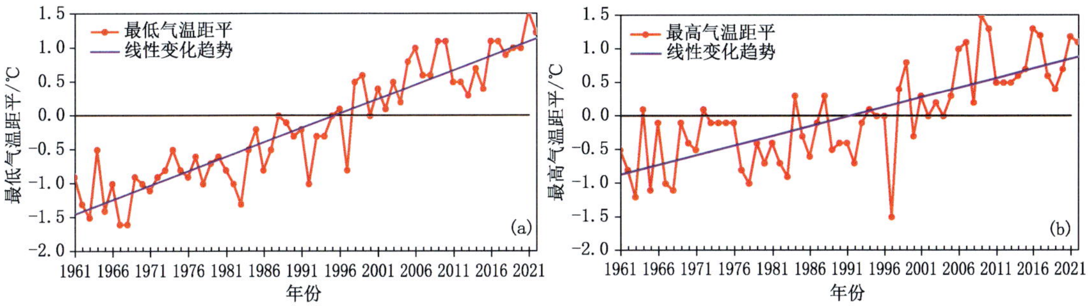

图 2.7 1961—2022 年西藏地表年平均最低气温(a)和平均最高气温(b)距平变化

表 2.6 西藏地表平均最高、最低气温升温率(℃/10a)

要素	时间段(年)	年	冬季	春季	夏季	秋季
平均最高气温	1961—2022	0.29***	0.34***	0.20***	0.25***	0.34***
	1991—2022	0.47***	0.57**	0.23	0.48***	0.58***
平均最低气温	1961—2022	0.42***	0.51***	0.40***	0.35***	0.43***
	1991—2022	0.51***	0.49***	0.39***	0.56***	0.58***

注：**，*** 分别表示通过 0.05,0.01 显著性检验。

2022 年，西藏地表年平均最高气温为 12.8 ℃，比常年值偏高 1.1 ℃，是 1961 年以来与 2007 年并列的第六个高值年份。年平均最低气温为－1.1 ℃，比常年值偏高 1.2 ℃，是 1961 年以来的第二个高值年份，仅次于 2021 年。

从 1961—2022 年西藏各站地表年平均最高气温变化趋势空间分布来看，各站地表年平均最高气温均表现为升高趋势(图 2.8a)，平均每 10 年升高 0.12～0.47 ℃(嘉黎 $P<0.05$，其余站 $P<0.01$)，其中，拉萨升温幅度最大，其次是索县(0.40 ℃/10a)，嘉黎最小；那曲市大部、拉萨、当雄、泽当、隆子、日喀则和狮泉河升温率大于 0.30 ℃/10a。在四季变化趋势上，平均最高气温表现出以下特征：①狮泉河最大升温率出现在春季，拉萨、那曲、日喀则、申扎、江孜、浪卡子、泽当、隆子和帕里出现在秋季，其余站均发生在冬季；②春季(图略)，平均最高气温在嘉黎表现为无变化，其他各站呈升温趋势且 72.2%的站 $P<0.05$；③夏季(图 2.8b)、秋季(图略)，两季各站均表现为升温趋势且 $P<0.05$ 的站依次为 15 个和 16 个；④冬季(图 2.8c)，各站均表现为明显升温趋势(所有站 $P<0.05$)，升温率分别在 0.21～0.50 ℃/10a(索县最大、江孜最小)，其中，当雄、那曲、泽当、拉萨和索县在 0.40 ℃/10a 以上。

1961—2022 年，西藏各站地表年平均最低气温均表现为明显升高趋势(图 2.9a)，平均每 10 年升高 0.11～0.78 ℃(所有站 $P<0.01$)，以那曲升温率最大，其次是班戈(0.72 ℃/10a)，隆子最小。在四季变化趋势上，各站平均最低气温最大升温率出现的季节不同，日喀则、隆子在春季，林芝在夏季，狮泉河、班戈、泽当和帕里在秋季，其余站均出现在冬季。各站四季均呈升温趋势，其中春季升温率为 0.19～0.71 ℃/10a(所有站 $P<0.01$)，那曲和拉萨最大，其次是班戈(0.64 ℃/10a)，隆子最小；夏季升温率为 0.17～0.63 ℃/10a(图 2.9b，所有站 $P<0.01$)，狮泉河最大，那曲次之(0.57 ℃/10a)，隆子最小；秋季升温率为 0.03～0.76 ℃/10a(除隆子外，其余站 $P<0.01$)，那曲最大，狮泉河其次(0.73 ℃/10a)，隆子最小；冬季升温率为 0.02～1.13 ℃/10a(图 2.9c，除日喀则、隆子外，其余站 $P<0.01$)，班戈最大，那曲次之(1.09 ℃/10a)，隆子最小。

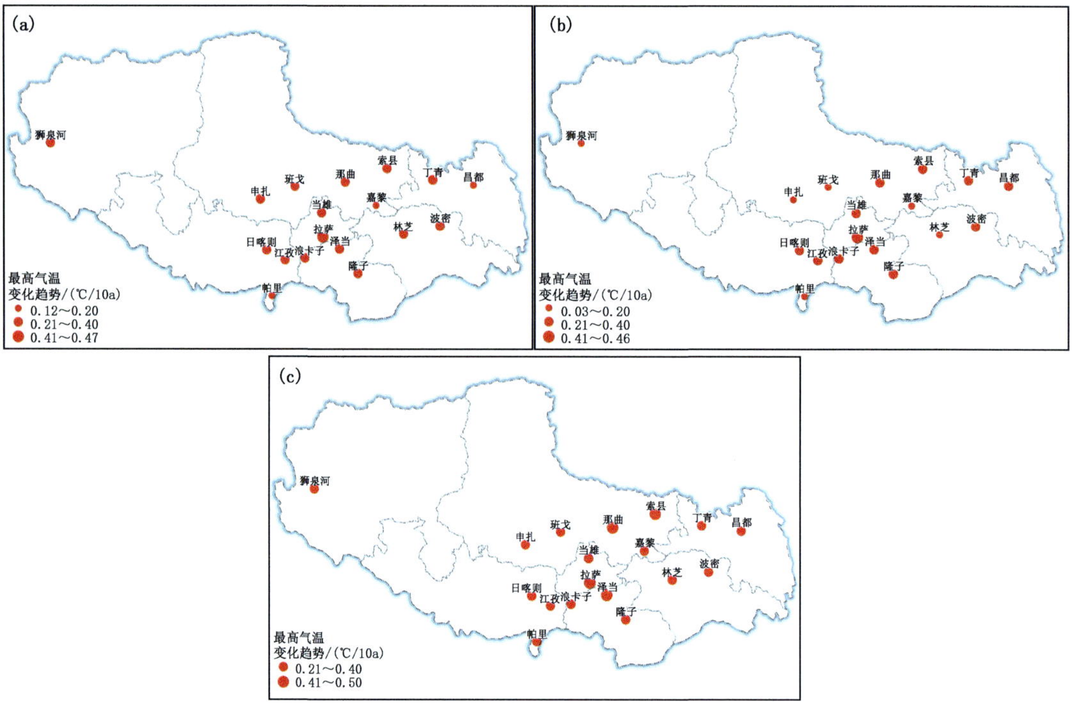

图 2.8　1961—2022 年西藏地表年、季平均最高气温变化趋势空间分布

(a)年，(b)夏季，(c)冬季

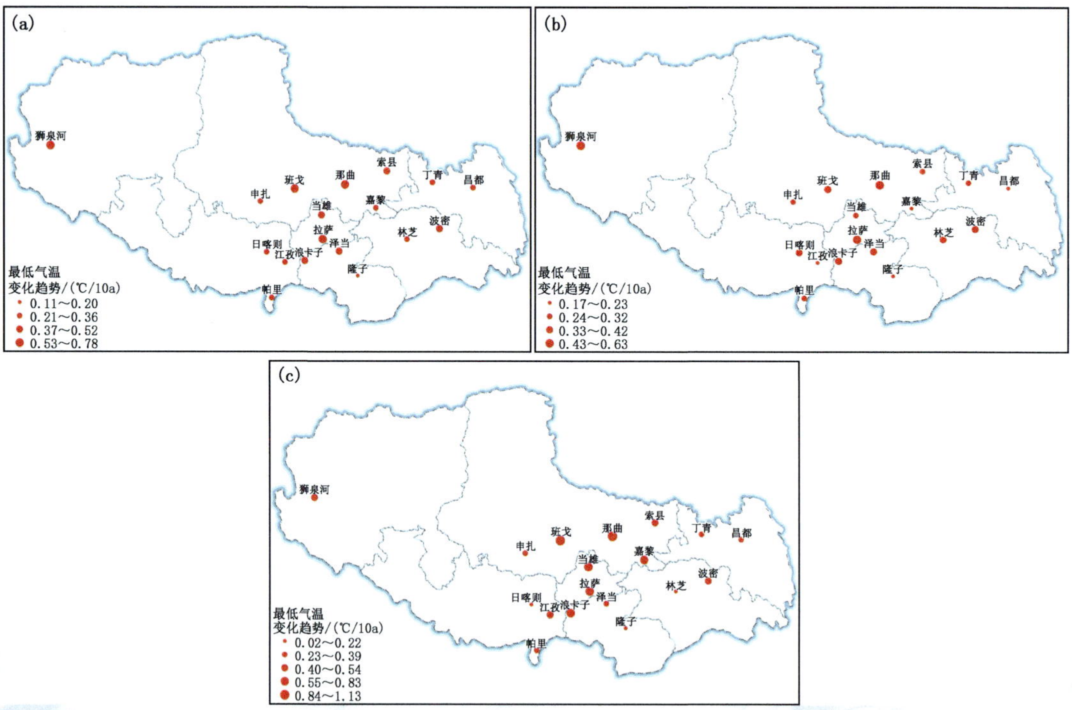

图 2.9　1961—2022 年西藏地表年、季平均最低气温变化趋势空间分布

(a)年，(b)夏季，(c)冬季

2.1.2.2　拉萨(国家基本气象站)

1952—2022 年,拉萨地表年平均最高气温和平均最低气温均表现为显著的上升趋势(图 2.10,表 2.7),升温率分别为 0.34 ℃/10a($P<0.01$)和 0.59 ℃/10a($P<0.01$),主要表现在冬季。进入 20 世纪 90 年代后,最高和最低气温快速上升,近 32 年(1991—2022 年)升温率分别达到 0.58 ℃/10a($P<0.01$)和 0.78 ℃/10a($P<0.01$),其中,秋季最高和最低气温上升明显,分别达到 0.77 ℃/10a($P<0.01$)和 0.88 ℃/10a($P<0.01$)。

2022 年,拉萨地表年平均最高气温为 17.7 ℃,较常年偏高 1.4 ℃,为 1952 年以来的第四个高值年份。年平均最低气温为 4.3 ℃,较常年偏高 2.1 ℃,是 1952 年以来的第二个高值年份,仅次于 2021 年(4.3 ℃)。

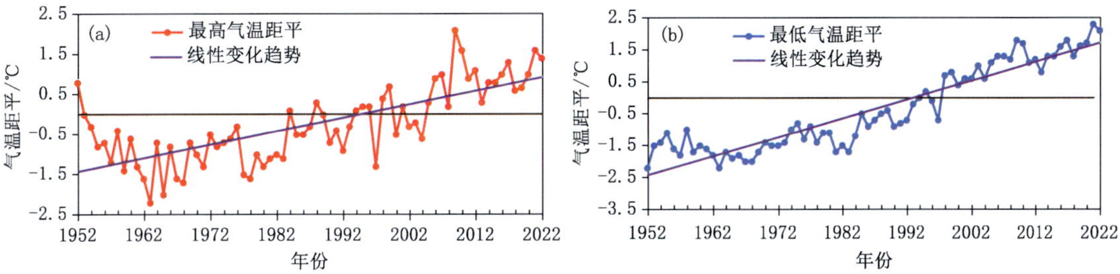

图 2.10　1952—2022 年拉萨地表年平均最高气温(a)和平均最低气温(b)距平变化

表 2.7　拉萨地表平均最高气温和平均最低气温的升温率(℃/10a)

时间段(年)	年	冬季	春季	夏季	秋季
1952—2022	0.34***/0.59***	0.37***/0.68***	0.22***/0.59***	0.39***/0.50***	0.35***/0.58***
1981—2022	0.52***/0.85***	0.66***/0.87***	0.36**/0.83***	0.37***/0.74***	0.64***/0.98***
1991—2022	0.58***/0.78***	0.70***/0.71***	0.23/0.70***	0.63***/0.81***	0.77***/0.88***

注:**,*** 分别表示通过 0.05,0.01 显著性检验;"/"前后数字分别为平均最高气温和平均最低气温的升温率。

从拉萨地表平均最高(最低)气温在 10 年际变化尺度上来看(表 2.8),20 世纪 50—80 年代年、季气温均为负距平;90 年代冬季和夏季气温为负距平,春、秋两季气温为正常或正距平;进入 21 世纪最初 10 年,年、季平均最高(最低)气温均表现正距平,尤其是冬季。20 世纪 60 年代至 21 世纪近 10 年(2011—2020 年)气温表现为逐年代增高的变化特征,60 年代是最冷的

表 2.8　拉萨地表平均最高气温和平均最低气温的各年代平均距平(℃)

年代	年	冬季	春季	夏季	秋季
20 世纪 50 年代	−0.5/−1.5	−0.7/−1.8	−0.1/−1.5	−1.2/−1.5	−0.1/−1.4
20 世纪 60 年代	−1.4/−1.8	−1.2/−2.6	−1.2/−1.9	−1.6/−1.2	−1.3/−1.5
20 世纪 70 年代	−1.0/−1.2	−0.9/−1.6	−0.8/−1.4	−1.2/−1.0	−0.9/−0.8
20 世纪 80 年代	−0.5/−1.0	−0.7/−1.1	−0.6/−1.1	−0.1/−0.7	−0.5/−1.1
20 世纪 90 年代	−0.2/0.0	−0.6/−0.1	0.3/0.0	−0.3/−0.2	0.0/0.1
21 世纪最初 10 年	0.5/1.1	1.2/1.3	0.3/1.0	0.3/0.9	0.4/1.2
2011—2020 年	0.8/1.4	1.1/1.4	0.3/1.2	0.7/1.3	1.4/1.6

注:距平为各年代平均值与 1981—2010 年平均值的差;"/"前后数字分别为平均最高气温和最低气温的距平。

10年，21世纪近10年(2011—2020年)是最暖的10年。21世纪近10年(2011—2020年)与20世纪60年代比较，年平均最高气温和最低气温分别偏高2.2 ℃和3.2 ℃；四季而言，秋季平均最高气温升温明显，偏高2.7 ℃；冬季最低气温升温更加显著，偏高4.0 ℃。春、夏、秋、冬四季平均最低气温升温率明显大于平均最高气温升温率。

2.1.2.3 昌都(国家基准气候站)

1954—2022年，昌都地表年平均最高气温和平均最低气温都表现为明显上升趋势(图2.11，表2.9)，升温率分别为0.15 ℃/10a($P<0.01$)和0.19 ℃/10a($P<0.01$)，主要表现在冬季。1981—2022年，年平均最高气温和年最低气温上升速度更快，升温率分别达到0.30 ℃/10a($P<0.01$)和0.37 ℃/10a($P<0.01$)，最高气温和最低气温以冬季、秋季升温为主。进入20世纪90年代(1991—2020年)后，就四季而言，平均最高气温在春季升温率明显变小，其他三季最高气温继续升高；而四季平均最低气温上升趋势更显著，升温率为0.33～0.55 ℃/10a，以秋季最高。平均最低气温升温率大于平均最高气温升温率。

2022年，昌都地表年平均最高气温为17.3 ℃，较常年偏高0.4 ℃，为1954年以来的第十五个高值年份。年平均最低气温为1.6 ℃，较常年偏高0.5 ℃，是1954年以来的第十四个高值年份。

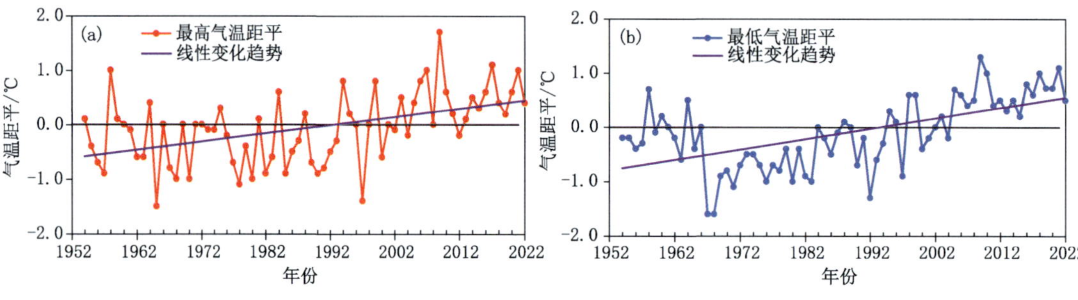

图2.11 1954—2022年昌都地表年平均最高气温(a)和平均最低气温(b)距平变化

表2.9 昌都地表平均最高气温和平均最低气温的升温率(℃/10a)

时间段(年)	年	冬季	春季	夏季	秋季
1954—2022	0.15***/0.19***	0.25***/0.23***	0.03/0.17***	0.23***/0.16***	0.09/0.20***
1981—2022	0.30***/0.37***	0.38**/0.39***	0.20**/0.32***	0.34***/0.36***	0.26*/0.45***
1991—2022	0.32***/0.43***	0.31/0.35**	0.01/0.33***	0.65***/0.52***	0.29/0.55***

注：*，**，***分别表示通过0.1，0.05，0.01显著性检验；“/”前后数字分别为平均最高气温和平均最低气温的升温率。

从昌都站地表平均最高(最低)气温10年际变化尺度来看(表2.10)，20世纪80年代和21世纪近10年(2011—2020年)昌都年平均最高气温比前一年代略偏低，其余各年代气温表现为上升的变化特征，最小值出现在20世纪60年代，最大值出现在21世纪最初10年，年平均最低气温从20世纪70年代开始表现为逐年代上升趋势，最低值出现在70年代，最高值出现在21世纪近10年(2011—2020年)。

表 2.10　昌都地表平均最高气温和平均最低气温的各年代平均距平(℃)

年代	年	冬季	春季	夏季	秋季
20 世纪 60 年代	−0.5/−0.6	−0.8/−0.8	−0.1/−0.4	−0.7/−0.1	−0.3/−0.6
20 世纪 70 年代	−0.3/−0.7	−0.7/−1.1	−0.1/−0.5	−0.2/−0.6	−0.3/−0.5
20 世纪 80 年代	−0.4/−0.4	−0.6/−0.4	−0.5/−0.3	0.0/−0.1	−0.3/−0.4
20 世纪 90 年代	−0.2/−0.2	−0.5/−0.3	0.2/0.0	−0.3/−0.2	−0.1/−0.1
21 世纪最初 10 年	0.5/0.4	1.1/0.8	0.3/0.4	0.3/0.4	0.3/0.4
2011—2020 年	0.3/0.6	0.4/0.5	0.1/0.5	0.7/0.7	0.4/0.7

注：距平为各年代平均值与 1981—2010 年平均值的差；“/”前后数字分别为平均最高气温和平均最低气温的距平。

20 世纪 60—90 年代昌都年、季平均最高(最低)气温均为负距平(除 90 年代春季)，以偏冷天气为主，到 21 世纪以来平均最高(最低)气温上升显著均为正距平，以偏暖天气为主。四季平均最高(最低)气温最大值均出现在冬季，21 世纪最初 10 年分别为 1.1 ℃和 0.8 ℃，最小值仍出现在冬季分别为−0.8 ℃和−1.1 ℃。21 世纪近 10 年(2011—2020 年)与 20 世纪 60 年代比较，昌都年平均最高(最低)气温分别偏高 0.8 ℃、1.2 ℃；四季平均最高气温偏高 0.2～1.4 ℃，平均最低气温偏高 0.8～1.3 ℃。

2.1.3　气温年较差和日较差

2.1.3.1　气温年较差

1961—2022 年，西藏气温年较差表现为明显变小趋势，平均每 10 年减小 0.17 ℃($P<0.05$，图 2.12)；近 32 年(1991—2022 年)气温年较差趋于增加，为 0.04 ℃/10a(未通过显著性检验)。

2022 年，西藏气温年较差为 21.5 ℃，较常年值偏大 2.4 ℃，为 1961 年以来的第五个高值年份。各地气温年较差在 17.7～27.1 ℃，林芝最小、狮泉河最大。其中，那曲市大部、狮泉河、当雄、丁青、昌都、日喀则和拉萨在 20.0 ℃以上。与 2021 年比较，狮泉河气温年较差偏小，其他各地气温年较差均偏大。

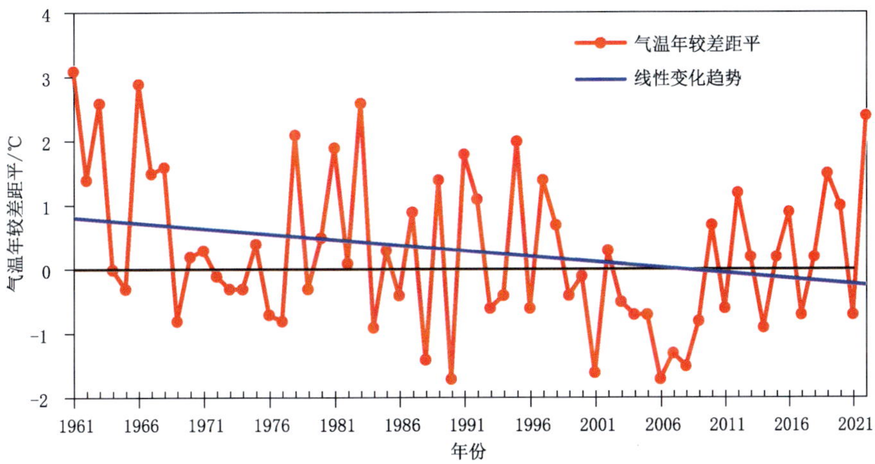

图 2.12　1961—2022 年西藏气温年较差距平变化

从西藏气温年较差在10年际变化尺度上来看（图2.13），20世纪60年代最高，较常年值偏高1.2 ℃。20世纪70—90年代气温年较差仍处于偏高期，且呈逐年代增加趋势；进入21世纪初，气温年较差较常年值偏低0.8 ℃，而近10年（2011—2020年）气温年较差出现增加趋势，比21世纪最初10年偏高1.1 ℃。在30年际变化尺度上，1981—2010年和1991—2020年气温年较差相同并最低，分别比1961—1990年和1971—2000年偏低0.5 ℃和0.3 ℃。

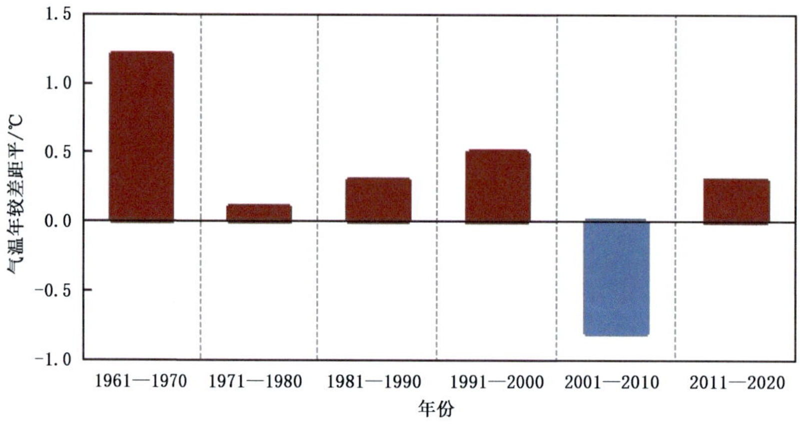

图2.13 1961—2020年西藏气温年较差的年代际变化

从1961—2022年西藏各站气温年较差变化趋势空间分布来看（图2.14），日喀则、狮泉河、隆子和林芝分别为0.13 ℃/10a、0.11 ℃/10a、0.08 ℃/10a和0.04 ℃/10a，均为变大趋势，其他各站均呈变小趋势，减幅为0.03～0.78 ℃/10a（8个站$P<0.05$），其中班戈减幅最大（$P<0.01$），那曲次之，为−0.59 ℃/10a（$P<0.01$），泽当减幅最小。藏北地区海拔4000 m以上气温年较差变小幅度较大，减幅在0.42 ℃/10a以上。

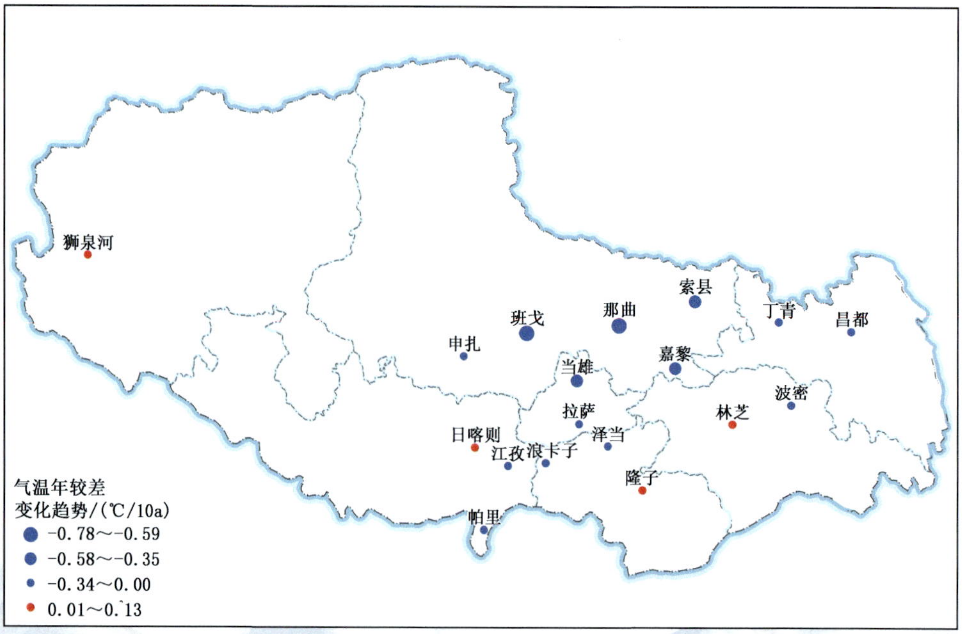

图2.14 1961—2022年西藏气温年较差变化趋势空间分布

2.1.3.2　气温日较差

1961—2022年，西藏年气温日较差表现为明显变小趋势(图2.15，表2.11)，平均每10年减小0.14 ℃($P<0.01$)，主要表现在春季，为−0.20 ℃/10a($P<0.01$)。近42年(1981—2022年)气温日较差呈变小趋势，为−0.10 ℃/10a($P<0.05$)，四季中气温日较差均呈减小趋势，夏季变小幅度相对较大为−0.16 ℃/10a($P<0.1$)。近32年(1991—2022年)气温日较差呈微弱变小趋势，为−0.04 ℃/10a(未通过显著性检验)，冬季气温日较差变大为0.07 ℃/10a(未通过显著性检验)，春、夏、秋季气温日较差变小，其中，春季减幅相对较大为−0.16 ℃/10a(未通过显著性检验)。2022年西藏年气温日较差为13.9 ℃，较常年值偏低0.1 ℃。

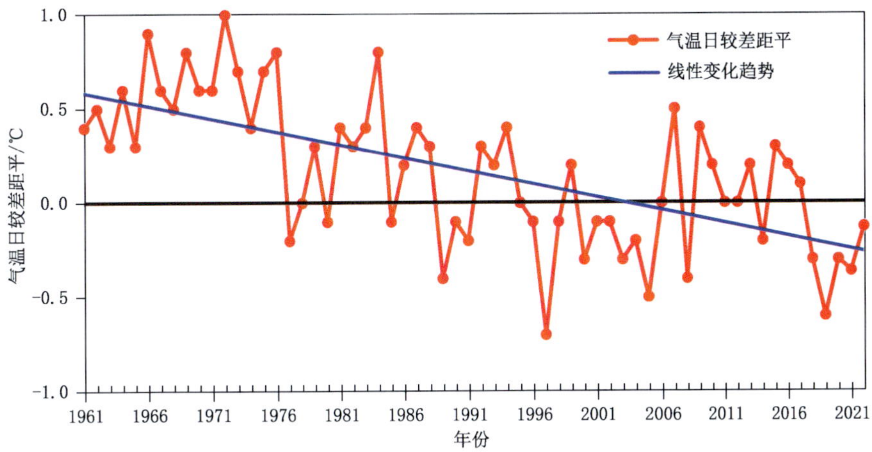

图2.15　1961—2022年西藏年气温日较差距平变化

表2.11　西藏平均气温日较差的变化率(℃/10a)

时间段(年)	年	冬季	春季	夏季	秋季
1961—2022	−0.14***	−0.17***	−0.20***	−0.09**	−0.10**
1981—2022	−0.10**	0.01	−0.11*	−0.16*	−0.13
1991—2022	−0.04	0.07	−0.16	−0.04	−0.03

注：*，**，***分别表示通过0.1，0.05，0.01显著性检验。

在10年际变化尺度上，西藏年气温日较差在20世纪60—90年代呈逐年代变小趋势，60年代是最大的10年，而90年代、21世纪最初10年无变化，到21世纪近10年(2011—2020年)变小为负值(−0.1 ℃)。在30年际变化尺度上，1981—2010年和1991—2020年气温日较差没有变化，比1961—1990年和1971—2000年偏小0.4 ℃和0.2 ℃。

从1961—2022年西藏年气温日较差变化趋势空间分布来看(图2.16)，年平均情况下，仅日喀则和隆子2个站呈变大趋势，增幅分别为0.05 ℃/10a($P<0.1$)和0.20 ℃/10a($P<0.01$)，其他各站呈一致的变小趋势，减幅为0.01～0.44 ℃/10a(12个站$P<0.05$)，其中，班戈和那曲减幅最大($P<0.01$)，其次是狮泉河，减幅为0.29 ℃/10a($P<0.01$)，索县减幅最小。

从1961—2022年西藏四季气温日较差变化趋势空间分布来看，春季(图2.17a)气温日较差隆子站呈变大趋势，增幅为0.05 ℃/10a；其他各站趋于减小，减幅为0.02～0.51 ℃/10a(14个站$P<0.05$)，以那曲减幅最大($P<0.01$)，申扎减幅最小。夏季(图2.17b)，昌都、索县、隆

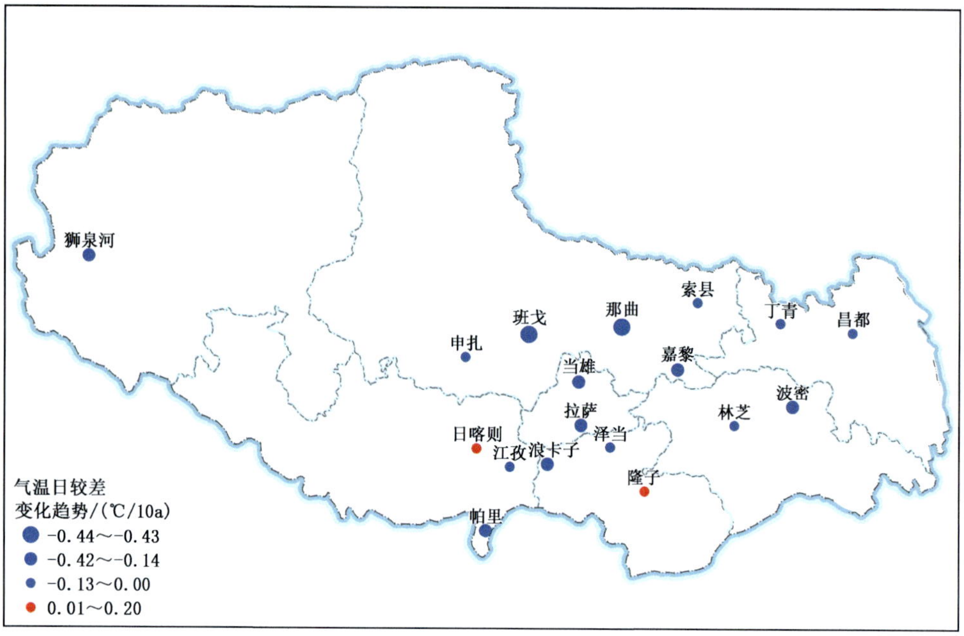

图 2.16　1961—2022 年西藏年气温日较差变化趋势空间分布

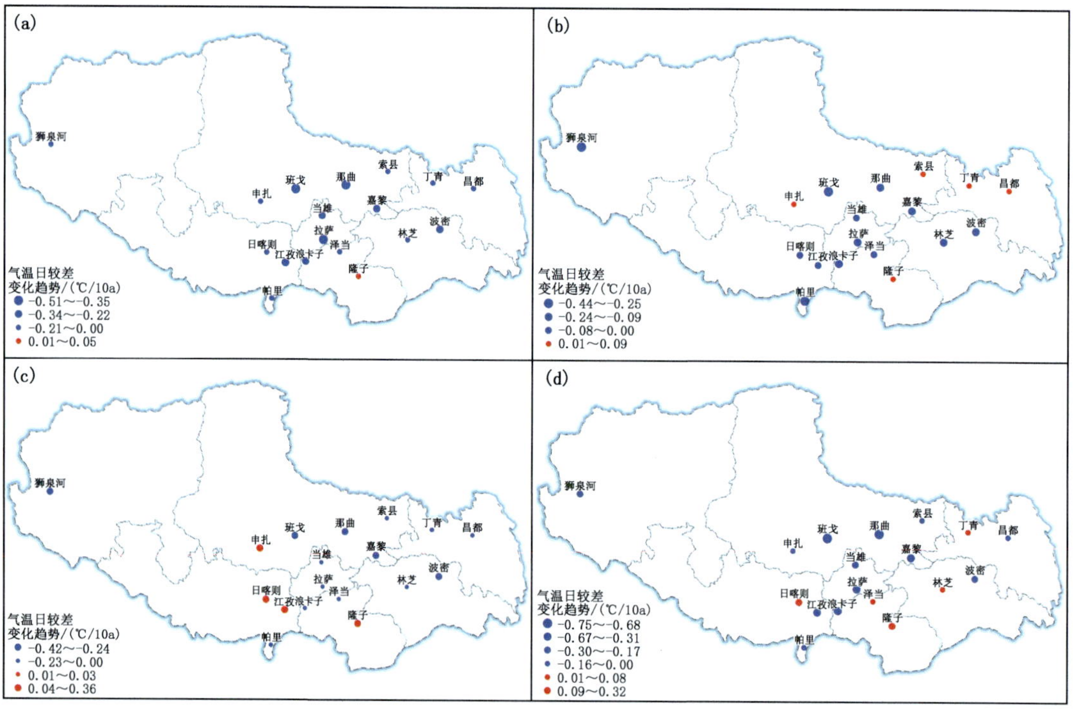

图 2.17　1961—2022 年西藏四季气温日较差变化趋势空间分布
(a)春季,(b)夏季,(c)秋季,(d)冬季

子、丁青和申扎气温日较差趋于增大,增幅为 0.01～0.09 ℃/10a(未通过显著性检验;以索县最大,申扎最小),当雄和江孜无变化;其他各站均为减小趋势,减幅为 0.03～0.44 ℃/10a

(8 个站 $P<0.05$),其中,狮泉河减幅最大($P<0.01$),班戈次之(0.27 ℃/10a,$P<0.01$),泽当减幅最小。秋季(图 2.17c),申扎、日喀则、江孜和隆子 4 个站气温日较差呈增大趋势,增幅为 0.10～0.36 ℃/10a(隆子、日喀则和江孜 3 个站 $P<0.01$),其中,隆子增幅最大、日喀则次之(0.19 ℃/10a,$P<0.01$),申扎最小;其他各站表现为减小趋势,减幅为 0.04～0.42 ℃/10a(9 个站 $P<0.05$),以狮泉河减幅最大($P<0.01$),那曲次之,为 0.35 ℃/10a,索县减幅最小。冬季(图 2.17d),日喀则、泽当、隆子、丁青和林芝 5 个站的气温日较差呈增大趋势,增幅为 0.03～0.32 ℃/10a(隆子和日喀则 2 个站 $P<0.01$),其中,隆子增幅最大($P<0.01$),泽当增幅最小,索县无变化;其他各站表现为减小趋势,减幅为 0.04～0.75 ℃/10a(8 个站 $P<0.05$),以班戈减幅最大($P<0.01$),那曲次之(−0.68 ℃/10a,$P<0.01$),昌都减幅最小。

2.1.4 降水

2.1.4.1 降水量

(1)全区

1961—2022 年,西藏平均年降水量呈增加趋势,平均每 10 年增加 7.58 mm($P<0.05$,图 2.18,表 2.12),较 1961—2021 年的增幅(7.74 mm/10a)略偏小。近 42 年(1981—2022 年)平均年降水量增加趋势明显,增幅为 12.81 mm/10a($P<0.1$),主要表现在春季(5.51 mm/10a,$P<0.01$)和夏季(8.80 mm/10a,未通过显著性检验)。但近 32 年(1991—2022 年)全区平均年降水量增幅变小(5.76 mm/10a),春、夏两季降水量趋于增加,秋、冬两季为减少态势。2022 年,西藏平均年降水量为 475.1 mm,比常年值(462.1 mm)偏多 13.0 mm。

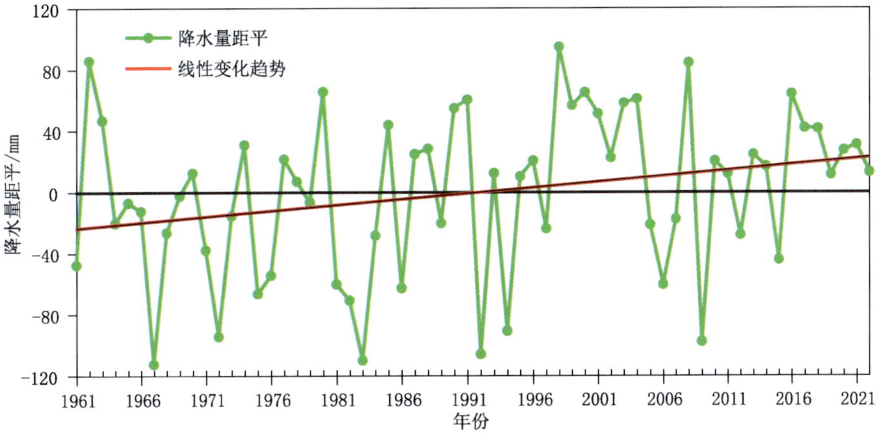

图 2.18　1961—2022 年西藏平均年降水量距平变化

表 2.12　西藏降水量的变化趋势(mm/10a)

时间段(年)	年	春季	夏季	秋季	冬季
1961—2022	7.58**	4.78***	1.04	1.17	0.60***
1981—2022	12.81*	5.51***	8.80	−1.43	−0.02
1991—2022	5.76	5.59**	2.79	−2.52	−0.06

注:*,**,*** 分别表示通过 0.1,0.05,0.01 显著性检验。

从西藏平均年降水量在10年际变化尺度上来看(图2.19),20世纪60—80年代偏少,呈逐年代递减态势,90年代至21世纪初偏多;20世纪80年代是近60年降水最少的10年,90年代和21世纪初降水均偏多,近10年(2011—2020年)是降水最多的10年。

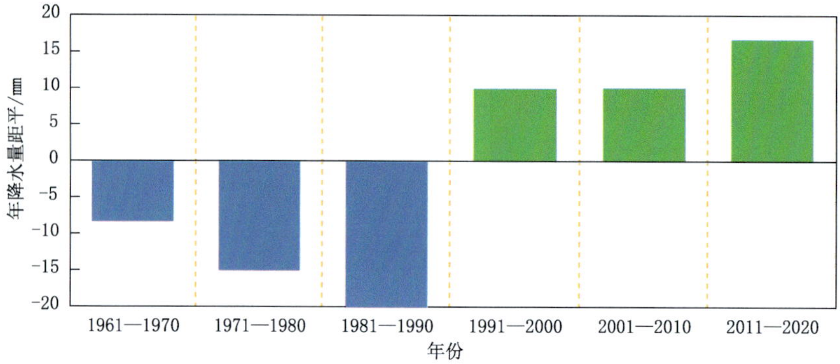

图2.19　1961—2020年西藏平均年降水量的年代际变化

从1961—2022年西藏年降水量变化趋势空间分布来看(图2.20),江孜和日喀则年降水量呈减少趋势,分别为−2.48 mm/10a和−1.76 mm/10a;其他各站均呈增加趋势,增幅为1.44~22.16 mm/10a,其中嘉黎增幅最大($P<0.01$),班戈次之(19.13 mm/10a,$P<0.01$),狮泉河最小;那曲市各站和林芝增幅大于10.00 mm/10a。

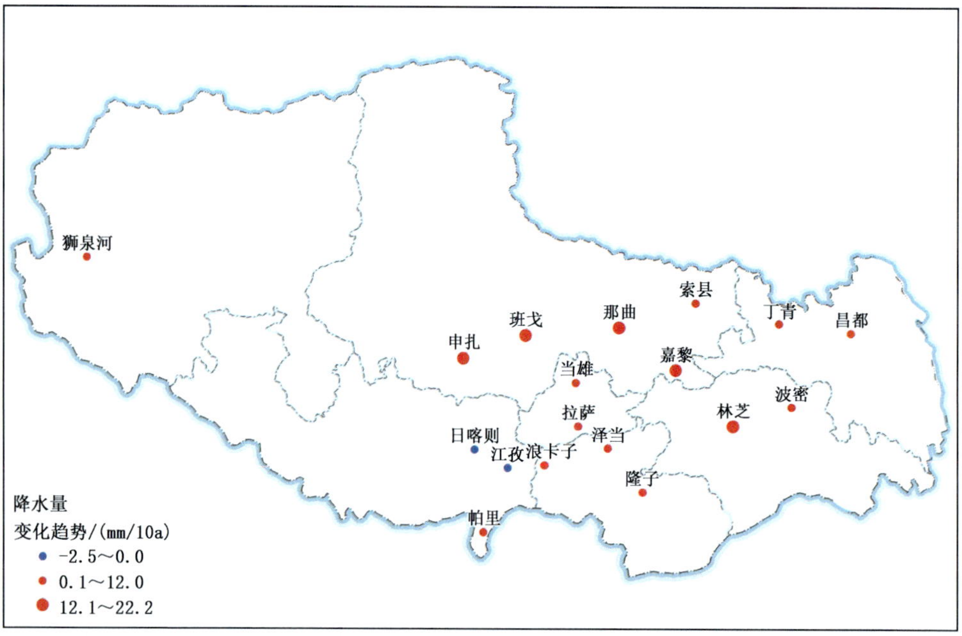

图2.20　1961—2022年西藏年降水量变化趋势空间分布

从1961—2022年西藏四季降水量变化趋势空间分布来看,各站季降水量变化趋势表现的各不相同。春季降水量在所有站都表现为增加趋势(图2.21a),增幅为0.54~8.22 mm/10a

(13 个站 $P<0.05$)，其中丁青增幅最大($P<0.01$)，索县次之(7.89 mm/10a，$P<0.01$)，狮泉河最小。夏季(图 2.21b)，那曲市大部、狮泉河、拉萨、浪卡子、隆子和林芝等地降水量呈增加趋势，增幅为 1.33～10.95 mm/10a，增幅以班戈最大($P<0.01$)，其次是申扎(9.66 mm/10a，$P<0.05$)，狮泉河最小；其他各站表现为减少趋势，为－0.34～－9.35 mm/10a，其中丁青减幅最大，波密次之(－8.54 mm/10a)，索县最小。秋季(图 2.21c)，降水量趋于减小的站主要分布在沿雅鲁藏布江一线、南部边缘地区和阿里地区西部，为－0.39～－3.27 mm/10a，以日喀则减幅最大，江孜次之，为－2.50 mm/10a；其他各站降水量呈增加趋势，增幅为 0.56～7.60 mm/10a，以嘉黎增幅最大($P<0.01$)，其次是丁青(6.9 mm/10a，$P<0.01$)，申扎增幅最小。冬季(图 2.21d)，降水量在狮泉河和浪卡子 2 个站表现微弱的减少趋势，其余各站均表现为增加趋势，但增幅不大，为 0.15～1.50 mm/10a(泽当、那曲、申扎、班戈、索县，$P<0.05$)，其中索县最大，帕里次之(1.47 mm/10a)，江孜最小。

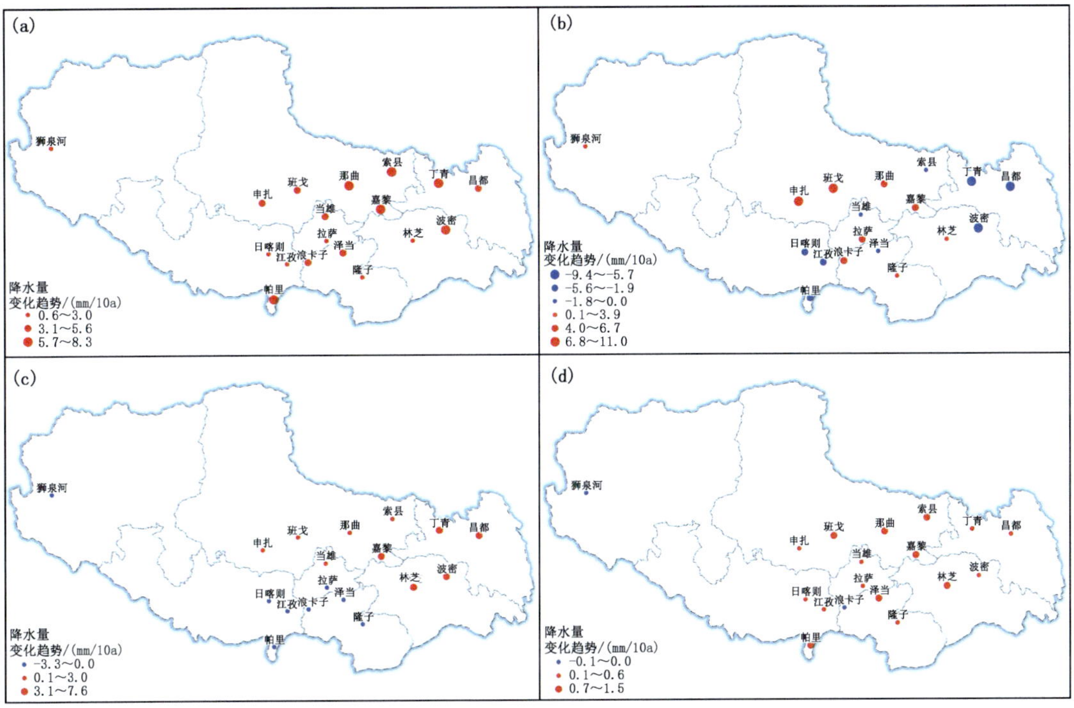

图 2.21 1961—2022 年西藏四季降水量变化趋势空间分布

(a)春季，(b)夏季，(c)秋季，(d)冬季

1981—2022 年，就西藏全区及七个地(市)平均年降水量的变化趋势而言(图 2.22)，林芝市呈减少趋势，平均每 10 年减少 14.60 mm；其余地(市)降水量趋于增加，增幅为 5.90～19.04 mm/10a，其中那曲市增幅最大(19.04 mm/10a，$P<0.05$)，其次是拉萨市，为 18.18 mm/10a($P<0.1$)；昌都市增幅最小，平均每 10 年仅增加 5.88 mm；阿里地区、山南市和日喀则市依次为 8.99 mm/10a($P<0.05$)、15.67 mm/10a($P<0.1$)和 7.96 mm/10a。

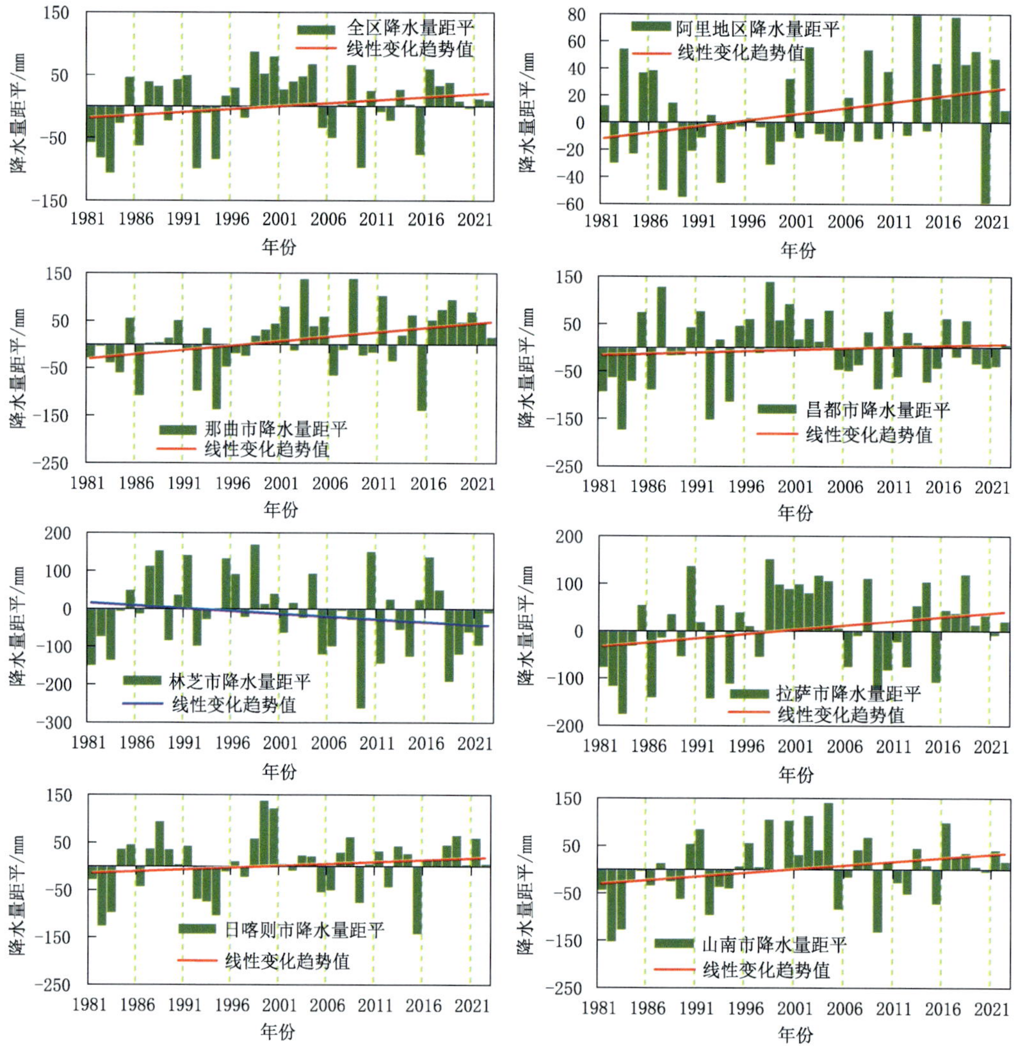

图 2.22　1981—2022 年西藏全区及七地(市)平均年降水量距平变化

(2)拉萨(国家基本气象站)

1952—2022 年，拉萨平均年降水量呈增加趋势，平均每 10 年增加 6.51 mm(图 2.23，表 2.13)，较 1952—2021 年的增幅(6.49 mm/10a)略偏大，主要表现在春、夏两季。近 42 年(1981—2022 年)平均年降水量增幅明显，为 28.12 mm/10a($P<0.05$)，以夏季增幅最突出。1991 年以来，拉萨平均年降水量增幅为 8.01 mm/10a，主要因秋季降水量显著减少，抵扣了夏季降水量增加的效应。2022 年，拉萨平均年降水量为 472.9 mm，略高于常年值。

(3)昌都(国家基准气候站)

1953—2022 年，昌都平均年降水量总体上呈增加趋势，平均每 10 年增加 1.20 mm(图 2.24，表 2.14)，较 1953—2021 年的增幅(1.13 mm/10a)略偏大。近 42 年(1981—2022 年)平均年降水量增幅为 2.45 mm/10a，但近 32 年(1991—2022 年)平均年降水量呈减少趋势，为−13.08 mm/10a。就四季降水量的变化趋势而言，春季降水量在不同时间段内均表现为增加趋势。近70年(1953—2022年)夏季降水量总体上趋于减少,特别是近32年(1991—2022年)减幅较大,为−22.19 mm/10a。1953—2022年,秋季降水量呈增加趋势,近32年增幅明显。冬季降水量在近70年(1953—2022年)呈弱的减少趋势,近42年冬季降水趋于增加态势。2022年,昌都年降水量为490.8 mm,接近常年值。

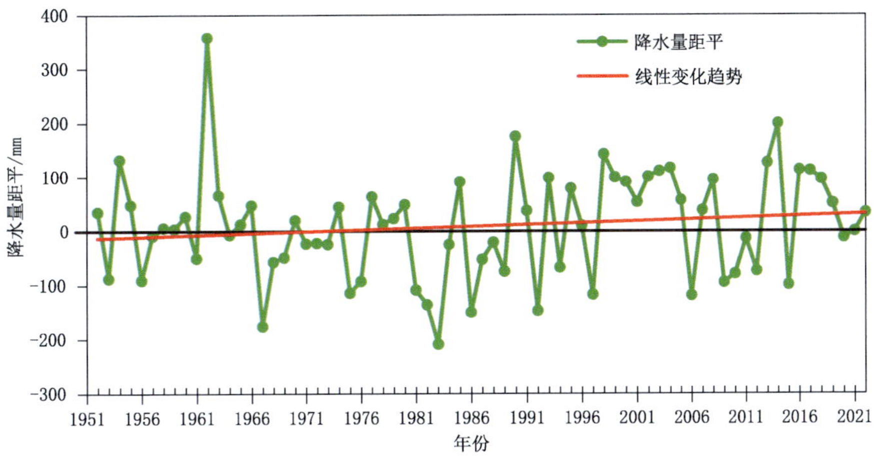

图 2.23 1952—2022年拉萨平均年降水量距平变化

表 2.13 拉萨降水量的变化趋势(mm/10a)

时间段(年)	年	春季	夏季	秋季	冬季
1952—2022	6.51	3.18**	2.44	0.92	0.50**
1981—2022	28.12**	4.96*	28.58**	−5.37	0.01
1991—2022	8.01	3.35	17.05	−12.30**	0.00

注:*,**分别表示通过0.1,0.05显著性检验。

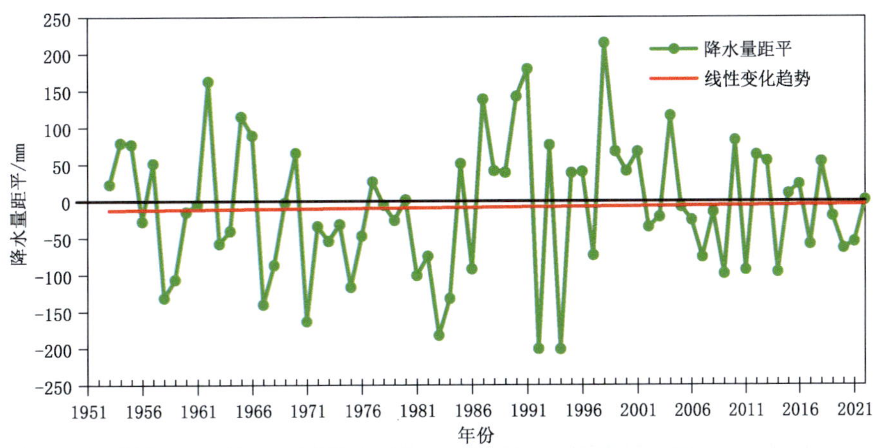

图 2.24 1953—2022年昌都平均年降水量距平变化

表 2.14　昌都降水量的变化趋势(mm/10a)

时间段(年)	年	春季	夏季	秋季	冬季
1953—2022	1.20	2.21	−3.75	2.81	−0.02
1981—2022	2.45	1.69	−0.22	0.79	0.26
1991—2022	−13.08	1.38	−22.19	6.57	1.27

2.1.4.2　降水日数

1961—2022 年,西藏降水量≥0.1 mm 的平均年降水日数呈微弱减少趋势(图 2.25,表 2.15),平均每 10 年减少 0.19 d,主要表现在夏季(−0.48 d/10a);冬、春两季平均年降水日数趋于增加,春季较明显(0.56 d/10a,$P<0.05$)。近 42 年(1981—2022 年)西藏平均年降水日数呈减少趋势(−0.38 d/10a),主要体现在冬季(−0.49 d/10a,$P<0.05$);夏季降水日数呈增加趋势,为 0.36 d/10a。

2022 年,西藏平均年降水日数为 106.6 d,比常年值(117.8 d)偏少 11.2 d,为 1961 年以来的第五个偏少年份。

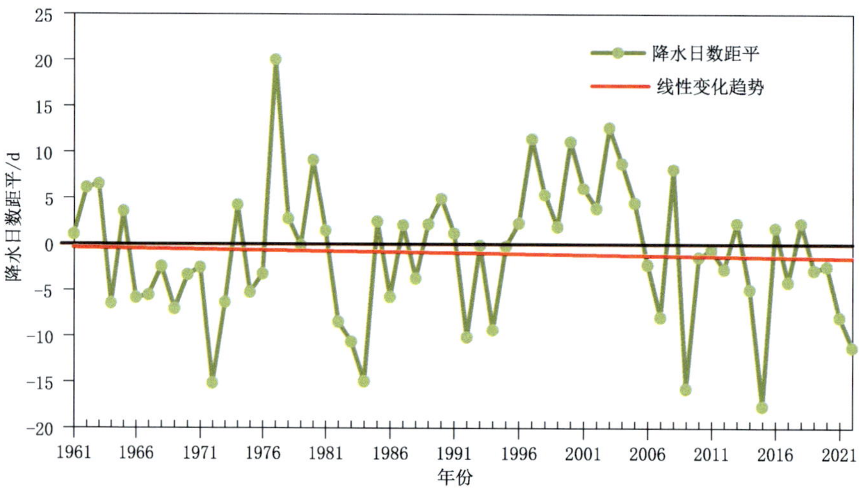

图 2.25　1961—2022 年西藏平均年降水日数距平变化

表 2.15　西藏降水日数的变化趋势(d/10a)

时间段(年)	年	春季	夏季	秋季	冬季
1961—2022	−0.19	0.56**	−0.48	−0.37	0.09
1981—2022	−0.38	0.14	0.36	−0.37	−0.49**

注:* * 表示通过 0.05 显著性检验。

根据 1961—2022 年西藏各站降水量≥0.1 mm 的年降水日数变化趋势空间分布来看(图 2.26),沿雅鲁藏布江一线、林芝市、狮泉河、帕里和隆子表现为减少趋势,为−0.44～−2.84 d/10a,波密减幅最大($P<0.01$),其次是浪卡子,为−2.16 d/10a($P<0.05$),狮泉河减幅最小;其他各站呈增加趋势,增幅为 0.50～3.58 d/10a(3 个站 $P<0.05$),其中班戈增幅最大($P<0.01$),那曲次之,为 2.46 d/10a($P<0.01$),当雄增幅最小。

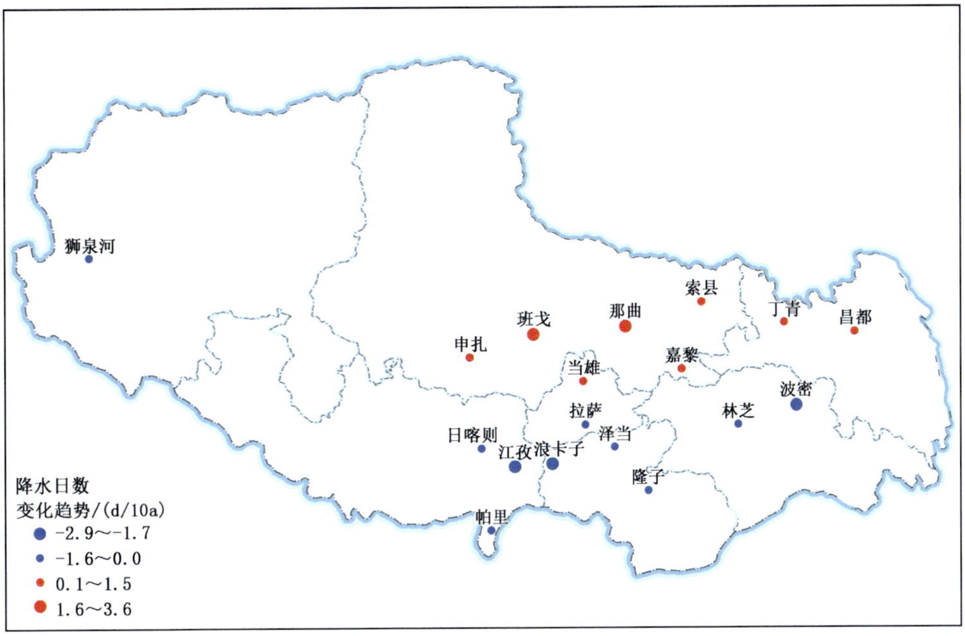

图 2.26　1961—2022 年西藏年降水日数变化趋势空间分布

从 1961—2022 年西藏各站降水量≥0.1 mm 的四季降水日数变化趋势空间分布来看，春季(图 2.27a)，狮泉河、波密、林芝和隆子 4 个站降水日数表现为减少趋势，分别为－0.23 d/10a、－0.18 d/10a、－0.14 d/10a 和－0.02 d/10a；其他各站均呈增加趋势，增幅为 0.10～1.72 d/10a(5 个站 $P<0.05$)，班戈增幅最大($P<0.01$)，那曲次之，为 1.62 d/10a($P<0.01$)，帕里增幅最小。夏季(图 2.27b)，那曲市大部和狮泉河降水日数趋于增加，增幅为 0.02～0.93 d/10a，班戈增幅最大，那曲次之，为 0.16 d/10a，狮泉河增幅最小；其他各站均呈减少趋势，为－0.07～－1.56 d/10a，以江孜减幅最大($P<0.01$)，波密次之(－1.33 d/10a，$P<0.01$)，当雄减幅最小。秋季(图 2.27c)，降水日数趋于增加的站分布在藏东北部，增幅为 0.04～0.35 d/10a，以那曲增幅最大、班戈增幅最小；其他各站均呈减少趋势，为－0.11～－1.63 d/10a(浪卡子和林芝 2 个站 $P<0.01$)，以浪卡子减幅最大，林芝次之，为－1.10 d/10a，嘉黎减幅最小。冬季(图 2.27d)，狮泉河、浪卡子、嘉黎、索县和波密降水日数表现为减少趋势，为－0.02～－0.54 d/10a，以波密减幅最大($P<0.05$)，其次是狮泉河，为 0.46 d/10a($P<0.05$)，索县减幅最小；丁青无变化；其他各站呈增加趋势，增幅为 0.02～0.91 d/10a(班戈、隆子、申扎 3 个站 $P<0.05$)，以班戈最大，日喀则最小。

2.1.5　相对湿度

2.1.5.1　年平均相对湿度

1961—2022 年，西藏年平均相对湿度呈“减—增—减”的年际变化(图 2.28)。20 世纪 60 年代至 90 年代初，西藏相对湿度偏小；90 年代中期至 21 世纪最初的 6 年相对湿度偏大，之后相对湿度趋于减小。从线性变化趋势来看，近 62 年(1961—2022 年)西藏年平均相对湿度呈减小趋势(表 2.16)，主要是由于夏、秋两季相对湿度减小引起的，减幅分别为 0.93%/10a

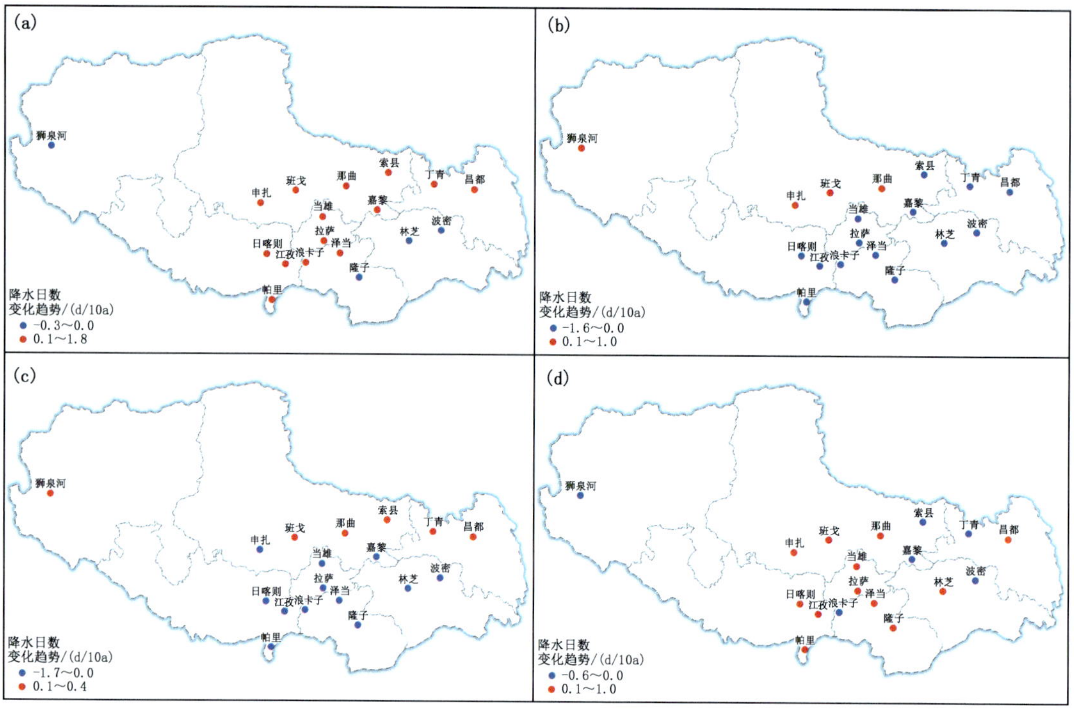

图 2.27　1961—2022 年西藏四季降水日数变化趋势空间分布
(a)春季，(b)夏季，(c)秋季，(d)冬季

(P<0.01)、0.74%/10a(P<0.01)；而近 32 年(1991—2022 年)，西藏一年四季平均相对湿度减小趋势更为明显，以冬季和秋季最为明显，分别为－3.92%/10a(P<0.01)和－2.93%/10a(P<0.01)。

2022 年，西藏年平均相对湿度为 48%，比常年值偏低 4%，仍处在干燥期，是 1961 年以来与 2011 年、2014 年、2019 年和 2020 年并列的第九个偏低年份。

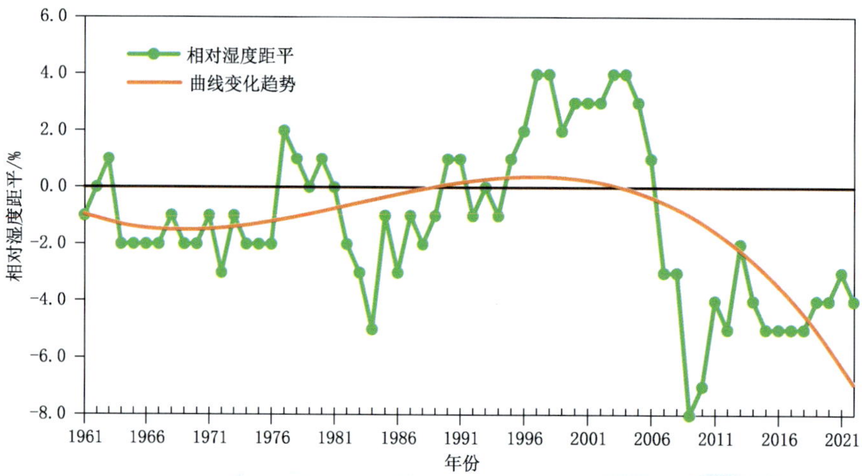

图 2.28　1961—2022 年西藏年平均相对湿度距平变化

表 2.16　西藏平均相对湿度的变化趋势(%/10a)

时间段(年)	年	春季	夏季	秋季	冬季
1961—2022	−0.36*	0.21	−0.93***	−0.74***	0.08
1991—2022	−2.69***	−1.24*	−2.48***	−2.93***	−3.92***

注：*，*** 分别表示通过 0.1、0.01 显著性检验。

从西藏各站年平均相对湿度变化趋势空间分布来看(图 2.29)，近 62 年(1961—2022 年)丁青、江孜、申扎、隆子 4 个站年平均相对湿度呈增加趋势，增幅为(0.01%～0.25%)/10a，隆子增幅最大；其他各站表现为不同程度的减小趋势，平均每 10 年减小 0.20%～1.78%，以拉萨减幅最大($P<0.01$)。

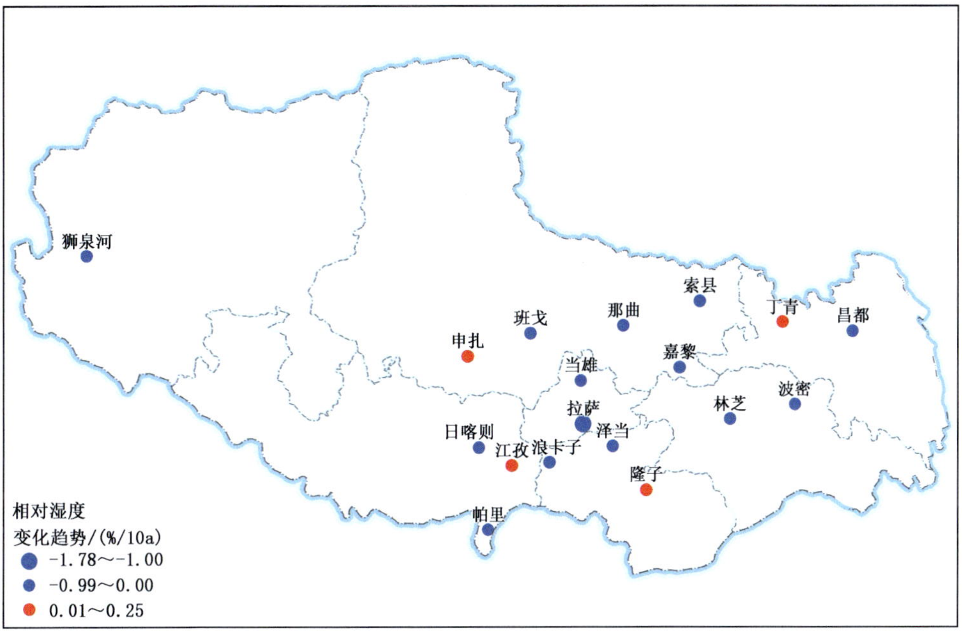

图 2.29　1961—2022 年西藏年平均相对湿度变化趋势空间分布

2.1.5.2　季平均相对湿度

从近 62 年(1961—2022 年)西藏各站四季平均相对湿度变化趋势空间分布来看，春季(图 2.30a)，除狮泉河、日喀则、拉萨、林芝和波密以(−0.16%～−0.97%)/10a 的速度呈减小趋势外，其他站均趋于增大，平均每 10 年增大 0.01%～1.03%，其中申扎最大($P<0.05$)。夏季(图 2.30b)，各站平均相对湿度均呈减小趋势，为(−0.44%～−2.26%)/10a，减幅最小的帕里为−0.44%/10a，以拉萨减幅最大(−2.26%/10a，$P<0.01$)，其次是日喀则，为−1.75%/10a($P<0.01$)。秋季(图 2.30c)，平均相对湿度仅丁青为不显著增加，为 0.16%/10a；其他各站表现为减小态势，平均每 10 年减小 0.10%～−2.60%，以拉萨减幅最大($P<0.01$)。冬季(图 2.30d)，帕里、丁青、那曲、浪卡子、隆子、申扎和江孜 7 个站相对湿度呈增大趋势，为(0.05%～1.66%)/10a，以江孜增幅最大($P<0.01$)；其他各站均趋于减小，减幅为(0.00～−1.40%)/10a(2 个站 $P<0.01$)，以拉萨减幅最大($P<0.01$)；其次是昌都，为−0.81%/10a($P<0.01$)。

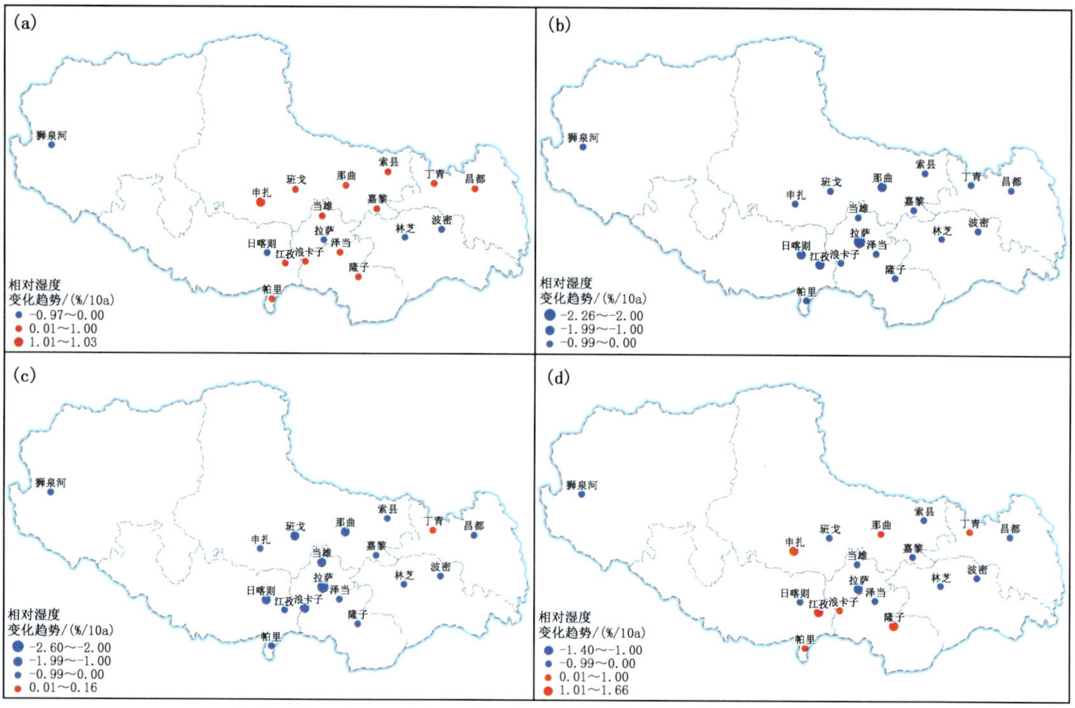

图 2.30　1961—2022 年西藏四季平均相对湿度变化趋势空间分布

(a)春季,(b)夏季,(c)秋季,(d)冬季

2.1.6　平均风速

2.1.6.1　年平均风速

1961—2022 年,西藏年平均风速呈显著减小趋势(图 2.31,表 2.17),平均每 10 年减小 0.05 m/s($P<0.01$)。西藏平均风速变小主要表现在春季,为−0.10 (m/s)/10a($P<0.01$)。不过,近 32 年(1991—2022 年)西藏年平均风速却呈增加趋势,平均每 10 年增加 0.09 (m/s)/

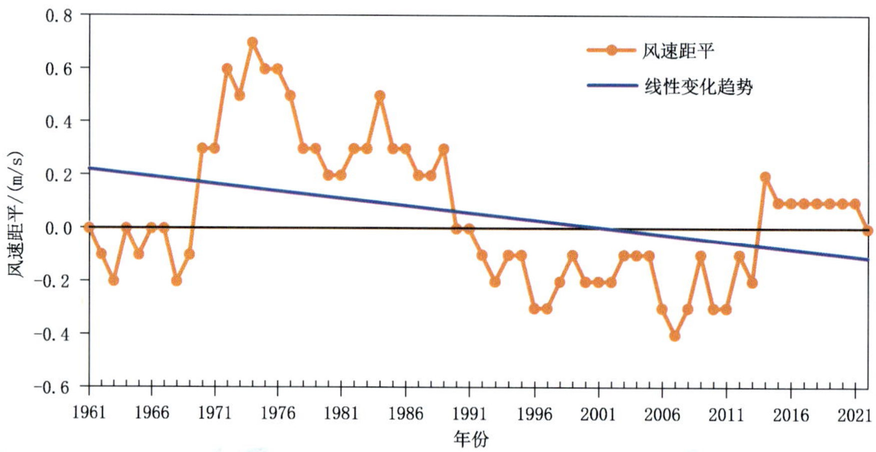

图 2.31　1961—2022 年西藏年平均风速距平变化

10a($P<0.01$);在季节上看,除春季减小外,其他三季都呈增加趋势,尤其是冬季,增幅为0.13 (m/s)/10a($P<0.01$)。2022年,西藏年平均风速为2.3 m/s,与常年值(2.3 m/s)持平,2015—2021年西藏年平均风速无变化。

表2.17　西藏平均风速的变化趋势[(m/s)/10a]

时间段(年)	年	春季	夏季	秋季	冬季
1961—2022	−0.05***	−0.10***	−0.04**	−0.04**	−0.06**
1991—2022	0.09***	−0.02	0.09***	0.11***	0.13***

注:**,***分别表示通过0.05和0.01显著性检验。

通过对西藏年平均风速变化趋势空间分布来看(图2.32),近62年(1961—2022年)索县、帕里和昌都3个站平均风速呈增加趋势,增幅不大,为0.02～0.08 (m/s)/10a,班戈、林芝无变化;其他各站表现出减小的趋势,为−0.02～−0.21 (m/s)/10a(9个站$P<0.05$),其中泽当减幅最大($P<0.01$),其次是狮泉河、那曲和浪卡子,均为−0.14 (m/s)/10a($P<0.01$)。

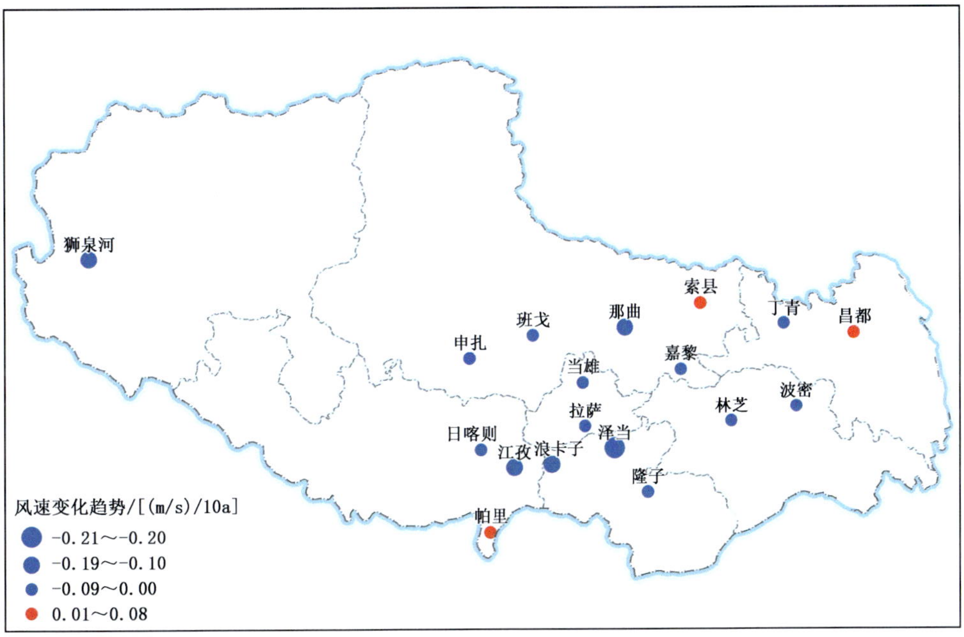

图2.32　1961—2022年西藏年平均风速变化趋势空间分布

2.1.6.2　季平均风速

从1961—2022年西藏各站四季平均风速变化趋势空间来看,春季(图2.33a),仅林芝、帕里呈增加趋势,分别为0.02 (m/s)/10a、0.09 (m/s)/10a($P<0.05$),索县、昌都无变化;其他各站表现为不同程度的减小趋势,为−0.04～−0.32 (m/s)/10a(11个站$P<0.05$),泽当减幅最大($P<0.01$),那曲次之,为−0.23 (m/s)/10a($P<0.01$)。夏季(图2.33b),平均风速在昌都、林芝、拉萨、索县、日喀则和帕里6个站趋于增加,为0.01～0.09 (m/s)/10a,帕里增幅最大($P<0.05$);其他各站表现为减少趋势,平均每10年减少0.02～0.19 m/s(9个站$P<0.05$),泽当减幅最大($P<0.01$),江孜次之,为−0.09 (m/s)/10a($P<0.01$)。秋季(图2.33c),帕里、日喀则、班戈、索县和昌都5个站呈增加趋势,为0.02～0.06 (m/s)/10a(帕里

和索县增幅最大);其他各站以平均每 10 年 0.01～0.18 m/s 的速度减小(7 个站 $P<0.05$),仍以泽当减幅最大($P<0.01$)。冬季(图 2.33d),平均风速趋于增加的为帕里、班戈、索县和昌都 4 个站,增幅为 0.05～0.09 (m/s)/10a(帕里增幅最大);其他各站为减少趋势,为－0.01～－0.23 (m/s)/10a(8 个站 $P<0.05$),浪卡子减幅最大($P<0.01$),其次是狮泉河,为－0.20 (m/s)/10a($P<0.01$)。

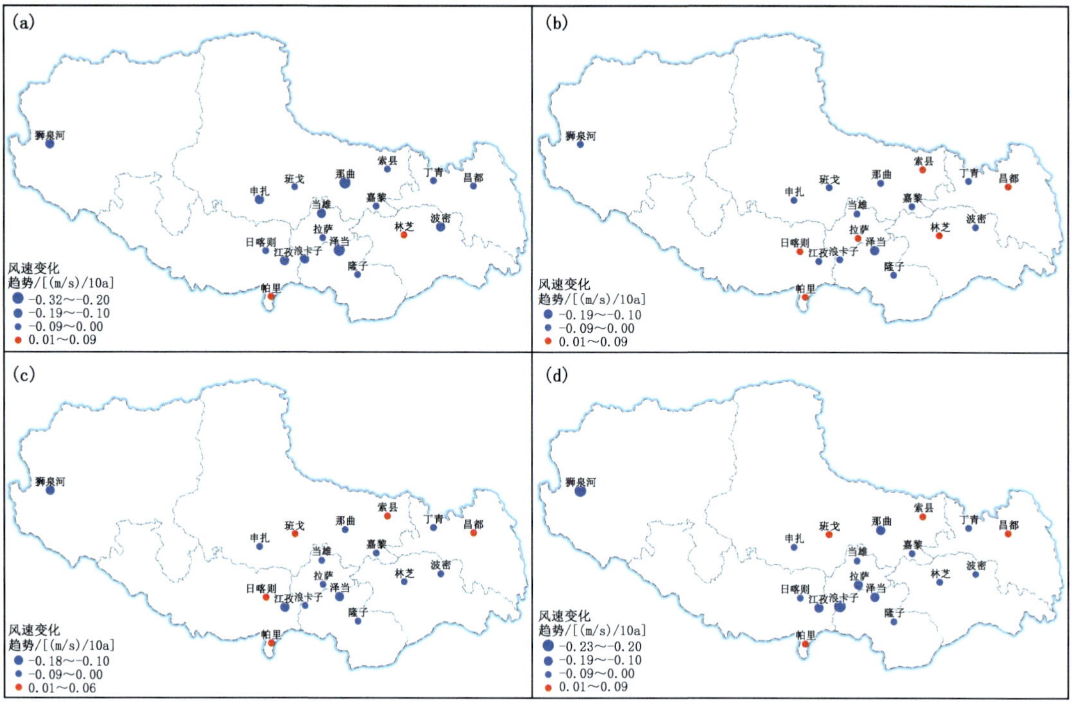

图 2.33　1961—2022 年西藏四季平均风速变化趋势空间分布
(a)春季,(b)夏季,(c)秋季,(d)冬季

2.1.7　积温

2.1.7.1　≥0 ℃ 初日

1961—2022 年,西藏日平均气温≥0 ℃初日呈显著提早趋势,平均每 10 年提早 3.1 d($P<0.01$,图 2.34a),特别是近 42 年(1981—2022 年)平均每 10 年提早了 5.3 d($P<0.01$);在不同海拔高度上,初日均表现为提早趋势。其中,海拔 4500 m 以上地区提早趋势最为明显(图 2.34b),平均每 10 年提早 6.1 d($P<0.01$),近 42 年提早更明显,平均每 10 年提早 11.5 d;海拔 3200～4500 m 地区提早趋势为 2.2 d/10a($P<0.01$,图 2.34c);海拔 3200 m 以下地区提早趋势也明显(图 2.34d),平均每 10 年提早 4.2 d($P<0.01$)。

2022 年,西藏日平均气温≥0 ℃ 初日为 3 月 13 日,较常年值提早 17 d,是 1961 年以来与 2017 年并列的第三早年份。其中,海拔 4500 m 以上地区≥0 ℃初日为 4 月 19 日,较常年偏早 44 d,为 1961 年以来的第三早年份;海拔 3200～4500 m 的地区≥0 ℃初日为 3 月 9 日,较常年偏早 15 d;海拔 3200 m 以下地区≥0 ℃ 初日为 2 月 11 日,较常年偏晚 15 d。

从 1961—2022 年西藏日平均气温≥0 ℃ 初日变化趋势空间分布来看(图 2.35),嘉黎表现为弱的推迟趋势(0.3 d/10a);其他各站≥0 ℃初日均表现为一致的提早趋势,平均每10年提早了0.5~9.0 d(13个站 $P<0.05$),以泽当提早得最多,其次是班戈,为−6.8 d/10a($P<0.01$)。

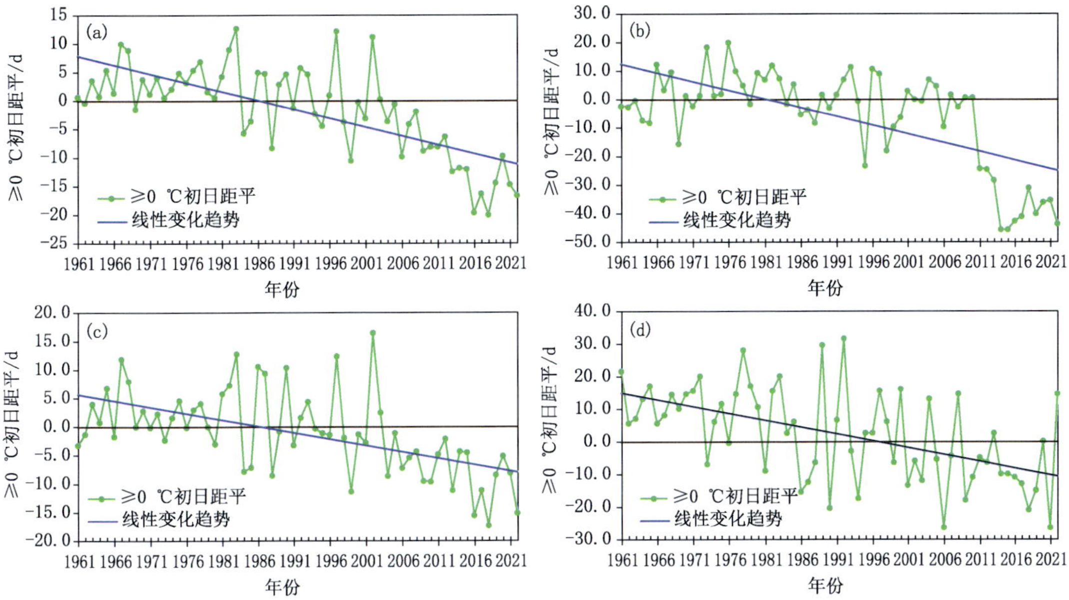

图2.34　1961—2022年西藏日平均气温≥0 ℃初日距平变化

(a)全区,(b)海拔4500 m以上地区,(c)海拔3200~4500 m地区,(d)海拔3200 m以下地区

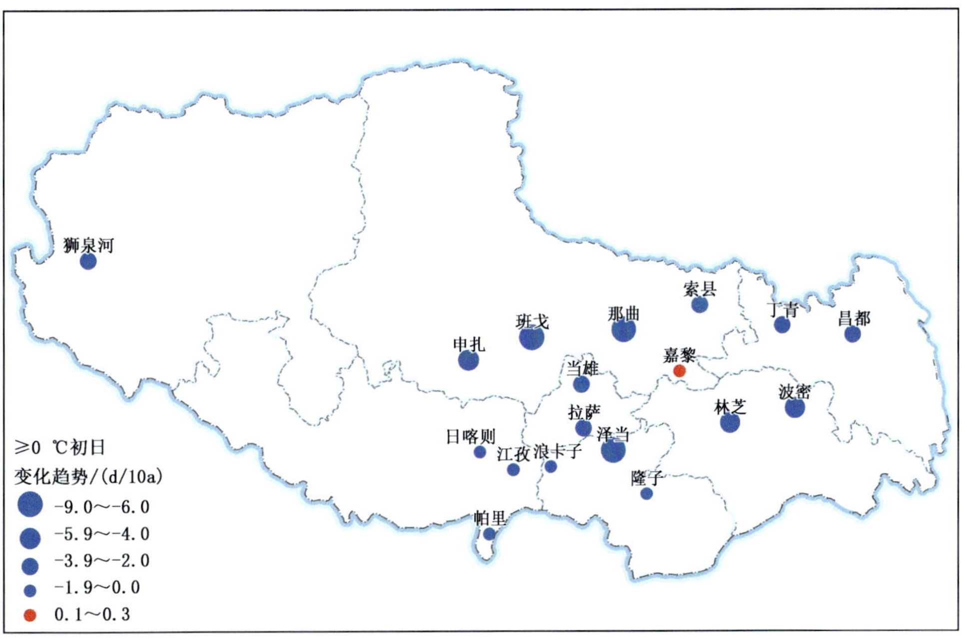

图2.35　1961—2022年西藏日平均气温≥0 ℃初日变化趋势空间分布

2.1.7.2 ≥0 ℃ 终日

1961—2022 年，西藏日平均气温≥0 ℃ 终日呈显著的推迟趋势，平均每 10 年推迟 2.7 d（$P<0.01$，图 2.36a）。近 42 年（1981—2022 年）推迟更明显，平均每 10 年推迟 4.6 d（$P<0.01$）；在不同海拔高度上，≥0 ℃终日都表现为推迟趋势。其中，海拔 4500 m 以上地区推迟最为明显（图 2.36b），平均每 10 年推迟 5.3 d（$P<0.01$）；海拔 3200～4500 m 地区平均每 10 年推迟 2.1 d（$P<0.01$，图 2.36c）；海拔 3200 m 以下地区平均每 10 年推迟 2.8 d（$P<0.01$，图 2.36d）。

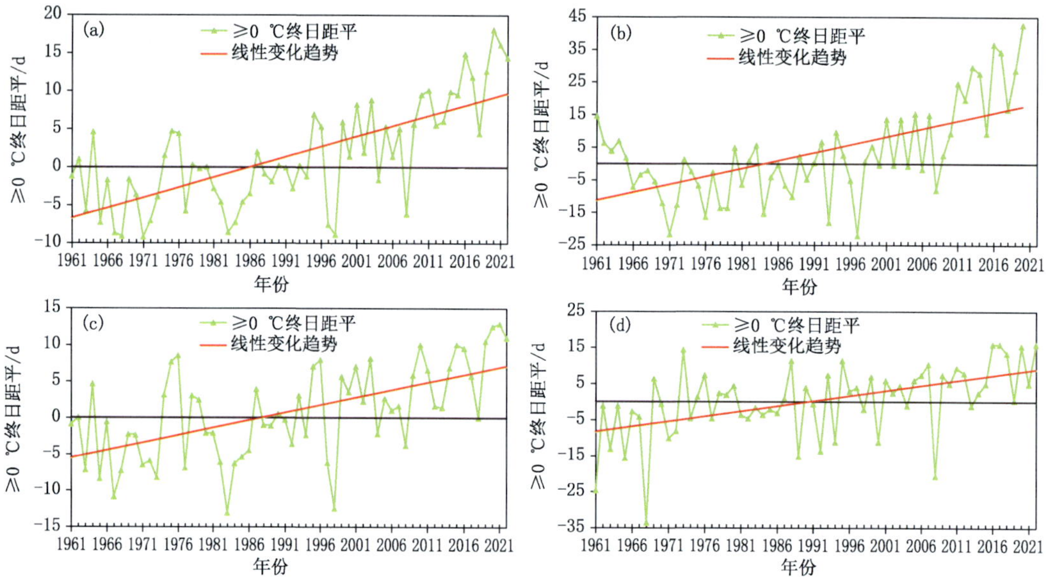

图 2.36 1961—2022 年西藏日平均气温≥0 ℃终日距平变化
(a)全区，(b)海拔 4500 m 以上地区，(c)海拔 3200～4500 m 地区，(d)海拔 3200 m 以下地区

2022 年，西藏日平均气温≥0 ℃ 终日为 11 月 15 日，较常年值偏晚 14 d，为 1961 年以来的第三晚年份。其中，海拔 4500 m 以上地区≥0 ℃ 终日为 10 月 16 日，较常年偏晚 27 d，为 1961 年以来的第八晚年份；海拔 3200～4500 m 地区≥0 ℃ 终日为 11 月 15 日，较常年值偏晚 11 d，为 1961 年以来的第三晚年份；海拔 3200 m 以下地区≥0 ℃ 终日为 12 月 31 日，较常年值偏晚 16 d，为 1961 年以来的最晚年份。

从 1961—2022 年西藏日平均气温≥0 ℃终日变化趋势空间分布来看（图 2.37），浪卡子略有提早趋势（−0.3 d/10a），其他各地≥0 ℃ 终日都呈推迟趋势，平均每 10 年推迟 0.5～7.1 d（12 个站 $P<0.05$），泽当推迟最多，其次是那曲，为 6.4 d/10a（$P<0.01$）。

2.1.7.3 ≥0 ℃持续日数

1961—2022 年，西藏日平均气温≥0 ℃ 持续日数呈显著延长趋势，平均每 10 年延长 5.8 d（$P<0.01$，图 2.38a），尤其是近 42 年（1981—2022 年）平均每 10 年延长了 9.9 d（$P<0.01$）；在不同海拔高度上，≥0 ℃ 持续日数均表现为显著的延长特征。其中，海拔 4500 m 以上地区延长趋势最为明显（图 2.38b），平均每 10 年延长 11.4 d（$P<0.01$），特别是近 42 年延长趋势达 21.2 d/10a（$P<0.01$）；海拔 3200～4500 m 地区延长趋势为 4.3 d/10a（$P<0.01$，图

2.38c)；海拔 3200 m 以下地区平均每 10 年延长 7.0 d($P<0.01$，图 2.38d)。

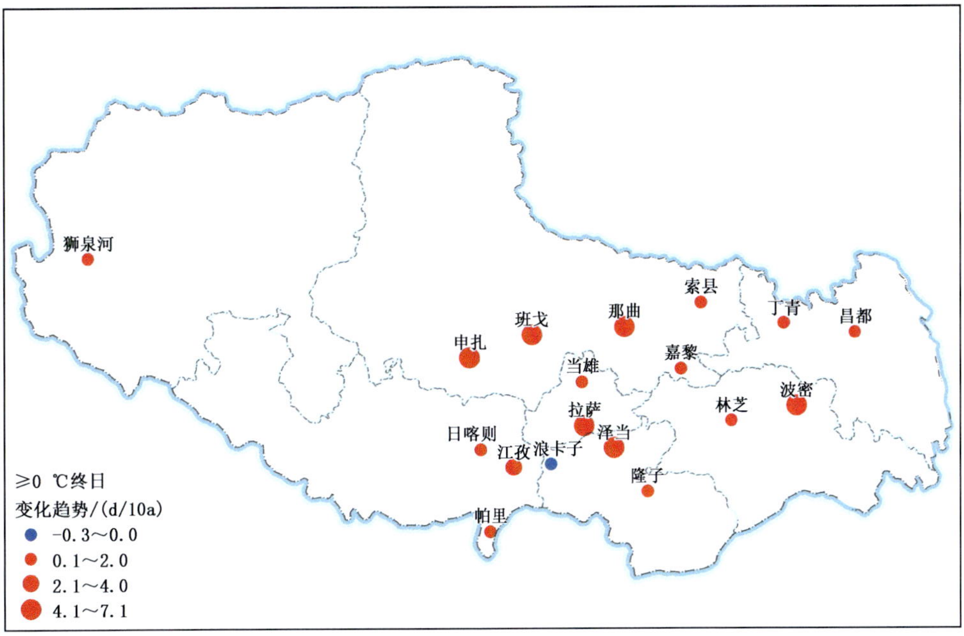

图 2.37　1961—2022 年西藏日平均气温≥0 ℃终日变化趋势空间分布

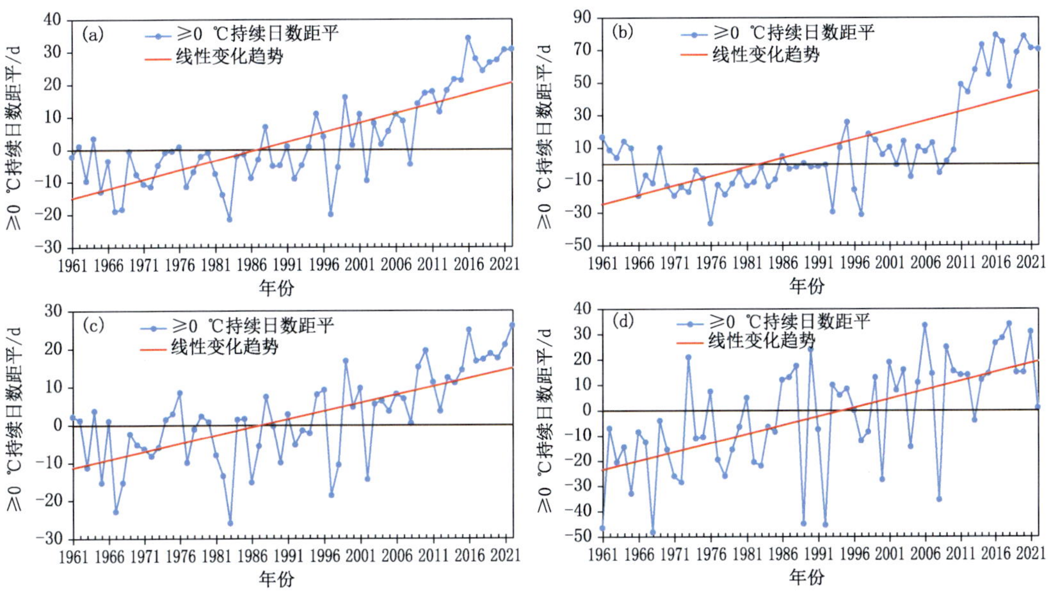

图 2.38　1961—2022 年西藏日平均气温≥0 ℃持续日数距平变化

(a)全区，(b)海拔 4500 m 以上地区，(c)海拔 3200～4500 m 地区，(d)海拔 3200 m 以下地区

2022 年，西藏日平均气温≥0 ℃持续日数为 248 d，较常年值延长了 31 d，是 1961 年以来的第二长年份。其中，海拔 4500 m 以上地区≥0 ℃持续日数为 181 d，较常年偏长 71 d，是 1961 年以来的第六长年份；海拔 3200～4500 m 地区≥0 ℃持续日数为 252 d，较常年偏长

26 d;海拔 3200 m 以下地区≥0 ℃持续日数为 324 d,较常年偏长 1 d。

从 1961—2022 年西藏日平均气温≥0 ℃持续日数变化趋势空间分布来看(图 2.39),各站≥0 ℃持续日数均呈延长趋势,平均每 10 年延长 0.3～16.0 d(72%的站 $P<0.05$),其中泽当延长率最高($P<0.01$),其次是那曲,为 12.4 d/10a($P<0.01$)。林芝市延长率为 5.5～8.6 d/10a,昌都市北部延长率为 3.9～4.6 d/10a,那曲市延长率为 0.3～12.4 d/10a,沿雅鲁藏布江一线延长率为 0.8～16.0 d/10a。近 42 年(1981—2022 年),各站≥0 ℃持续日数显著延长;各站延长率为 2.5～27.0 d/10a,仍以泽当延长的最多($P<0.01$),其次是班戈,为 22.9 d/10a($P<0.01$);那曲市中西部、拉萨、泽当和江孜延长率在 10.0 d/10a 以上。

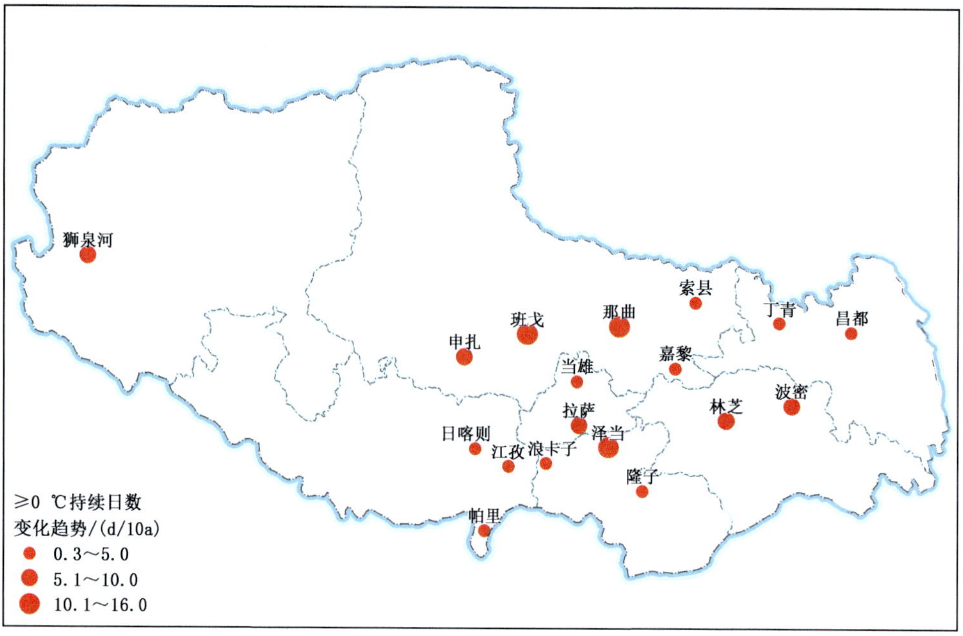

图 2.39 1961—2022 年西藏日平均气温≥0 ℃持续日数变化趋势空间分布

2.1.7.4 ≥0 ℃积温

1961—2022 年,西藏日平均气温≥0 ℃活动积温呈明显增加趋势(图 2.40a),平均每 10 年增加 67.8 ℃・d,尤其是近 42 年(1981—2022 年)增幅达 91.7 ℃・d /10a。在不同海拔高度上,增加特征趋同存异,其中海拔 4500 m 以上地区平均每 10 年增加 56.4 ℃・d(图 2.40b);海拔 3200～4500 m 地区增幅为 64.6 ℃・d /10a(图 2.40c);海拔 3200 m 以下地区增加幅度最明显,为 103.9 ℃・d /10a(图 2.40d)。这表明,≥0 ℃积温的增幅在低海拔地区比高海拔地区明显。

2022 年,西藏日平均气温≥0 ℃活动积温为 2440.7 ℃・d,较常年值偏高 361.5 ℃・d,为 1961 年以来的最高年份。其中,海拔 4500 m 以上地区≥0 ℃活动积温为 1459.1 ℃・d,较常年值偏高 280.6 ℃・d,是 1961 年以来的第二个偏高年份;海拔 3200～4500 m 地区≥0 ℃活动积温为 2462.6 ℃・d,较常年值偏高 364.6 ℃・d,是 1961 年以来的最高年份;海拔 3200 m 以下地区≥0 ℃活动积温为 3771.4 ℃・d,较常年值偏高 463.7 ℃・d,是 1961 年以来的第二个偏高年份。

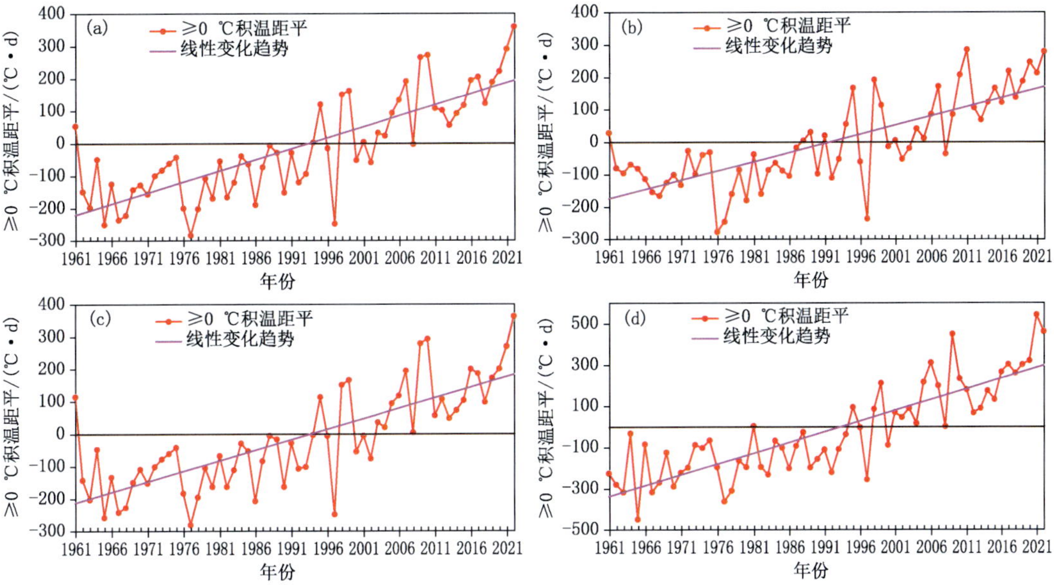

图 2.40　1961—2022 年西藏日平均气温≥0 ℃积温距平变化

(a)全区,(b)海拔 4500 m 以上地区,(c)海拔 3200～4500 m 地区,(d)海拔 3200 m 以下地区

从 1961—2022 年西藏日平均气温≥0 ℃积温变化趋势空间分布来看(图 2.41),各站均表现为增加趋势,增幅为 21.8～154.4 ℃·d/10a(所有站 $P<0.01$),以拉萨增幅最大,其次是林芝,为 108.8 ℃·d/10a。除帕里、嘉黎、丁青外,其余各站增幅均大于 50.0 ℃·d/10a。近 42 年(1981—2022 年)各站≥0 ℃积温增加得更明显,增幅为 44.9～187.7 ℃·d/10a(所有站 $P<0.01$),其中狮泉河、日喀则、拉萨、林芝和波密增幅在 100.0 ℃·d/10a 以上,拉萨增幅最大。

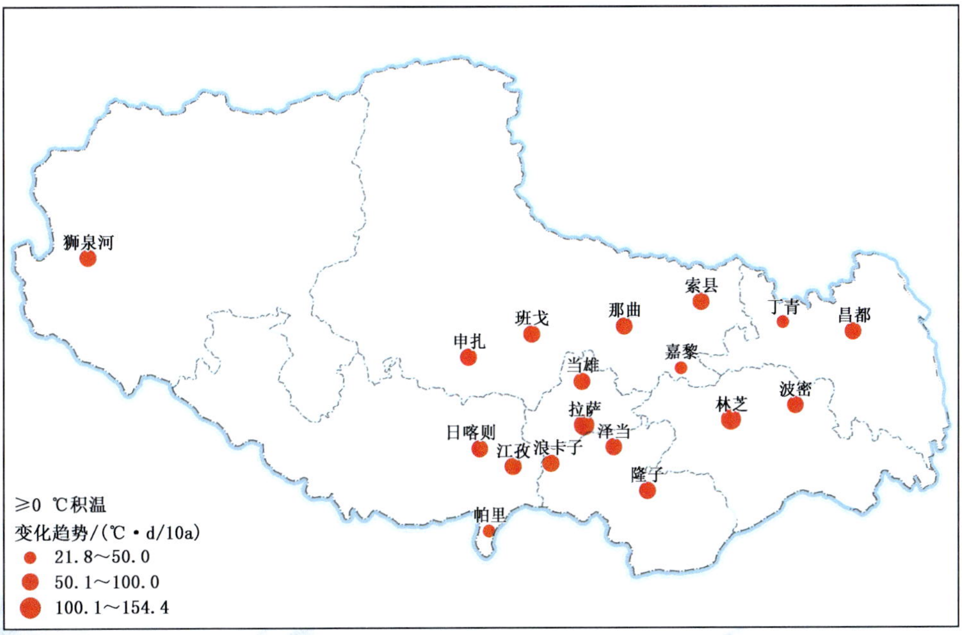

图 2.41　1961—2022 年西藏日平均气温≥0 ℃积温变化趋势空间分布

2.2 极端气候事件指数

气候变化的影响多通过极端气候事件反映出来，而极端气候与气候平均状态的变化存在差异，这决定了极端气候事件具有独特的研究价值。不断变化的气候可导致极端天气和气候事件的发生频率、强度、空间范围和持续时间发生变化，并能导致前所未有的极端天气和气候事件。气温和降水作为最基本的气象要素，其极值的变化情况直接影响到自然系统，而高温热浪、致洪暴雨等灾害性极端气温或降水事件更是直接影响到人类社会生产生活的各个方面，所以研究极端气温和极端降水具有重要的理论和实际意义。极端气候事件指数是描述极端事件的重要指标，本公报利用 WMO 定义的极端气候指数(Peterson et al.,2001)，通过 RClimDex 软件计算了西藏 20 个极端气候指数，以揭示其近 62 年(1961—2022 年)的变化规律，力求为当地应对气候变化、防灾减灾提供参考，为评估未来气候变化的影响提供基础资料。

2.2.1 极端最高气温和最低气温

1961—2022 年，西藏平均年极端最高气温(图 2.42a)和极端最低气温(图 2.42b)均呈明显升高趋势，平均每 10 年分别升高 0.25 ℃($P<0.01$)和 0.56 ℃($P<0.01$)。

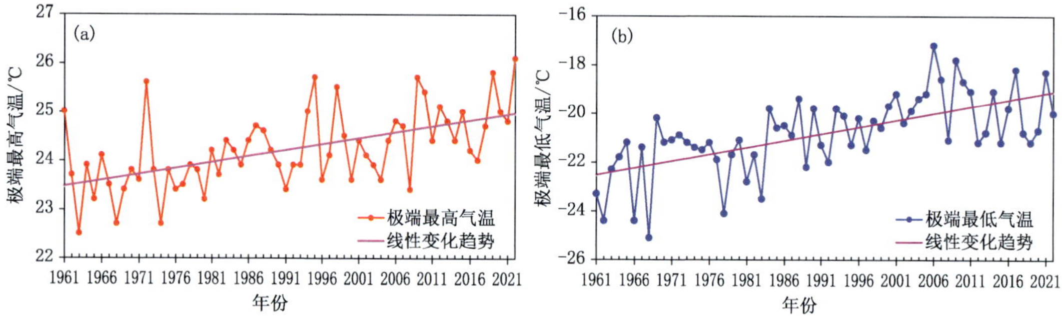

图 2.42 1961—2022 年西藏平均年极端最高气温(a)和极端最低气温(b)变化

2022 年，西藏平均年极端最高气温出现在昌都，为 33.1 ℃(出现在 8 月 9 日)；平均年极端最低气温出现在改则，为－37.4 ℃(出现在 1 月 1 日)。3 月 18 日波密(24.6 ℃)、林芝(23.4 ℃)、米林(23.6 ℃)、察隅(27.3 ℃)，3 月 19 日洛隆(20.3 ℃)，3 月 28 日狮泉河(14.5 ℃)、拉孜(22.8 ℃)、南木林(22.1 ℃)、日喀则(23.6 ℃)、尼木(24.7 ℃)、定日(19.3 ℃)，3 月 29 日南木林(23.3 ℃)、日喀则(24.4 ℃)、尼木(25.3 ℃)、贡嘎(26.2 ℃)、拉萨(25.1 ℃)、泽当(25.4 ℃)，3 月 30 日定日(20.2 ℃)日最高气温超历史同期极大值；7 月 4 日错那(18.1 ℃)，7 月 5 日南木林(27.8 ℃)，7 月 7 日索县(25.7 ℃)、嘉黎(22.3 ℃)，7 月 8 日那曲(24.1 ℃)、班戈(23.0 ℃)、申扎(24.6 ℃)、比如(29.0 ℃)、拉孜(29.5 ℃)、索县(25.8 ℃)日最高气温均超历史同期极大值；8 月 8 日申扎(21.3 ℃)，8 月 9 日昌都(33.1 ℃)、丁青(27.6 ℃)、类乌齐(28.3 ℃)，8 月 10 日安多(20.6 ℃)、申扎(22.1 ℃)，8 月 12 日南木林(25.5 ℃)、墨竹工卡(27.2 ℃)、索县(26.6 ℃)、波密(32.5 ℃)、林芝(29.9 ℃)，8 月 13 日申扎(23.6 ℃)、日喀则(26.8 ℃)，8 月 16 日拉萨(27.9 ℃)，8 月 24 日加查(31.1 ℃)，8 月 26 日日喀则(27.4 ℃)、江孜(25.6 ℃)、泽当(29.0 ℃)、加查(31.8 ℃)、林芝(30.1 ℃)日最高气温

超历史同期极大值；2 月 13 日隆子（−19.2 ℃）、八宿（−12.9 ℃）、左贡（−19.4 ℃）日最低气温创历史同期极小值；3 月 1 日尼木（−15.3 ℃）、贡嘎（−13.4 ℃）日最低气温创历史同期极小值。

根据 1961—2022 西藏年极端最高气温和最低气温变化趋势空间分布来看，平均年极端最高气温（图 2.43a）在所有站均表现为升高趋势，升幅为 0.06～0.48 ℃/10a（14 个站 $P<0.05$），升幅以拉萨最大（$P<0.01$）、浪卡子最小。年极端最低气温在隆子、申扎趋于下降，其他各站都呈上升趋势（图 2.43b），平均每 10 年升高 0.02～1.44 ℃（14 个站 $P<0.05$），其中那曲升幅最大（$P<0.01$），其次是班戈（1.36 ℃/10a，$P<0.01$），林芝升温幅度最小。

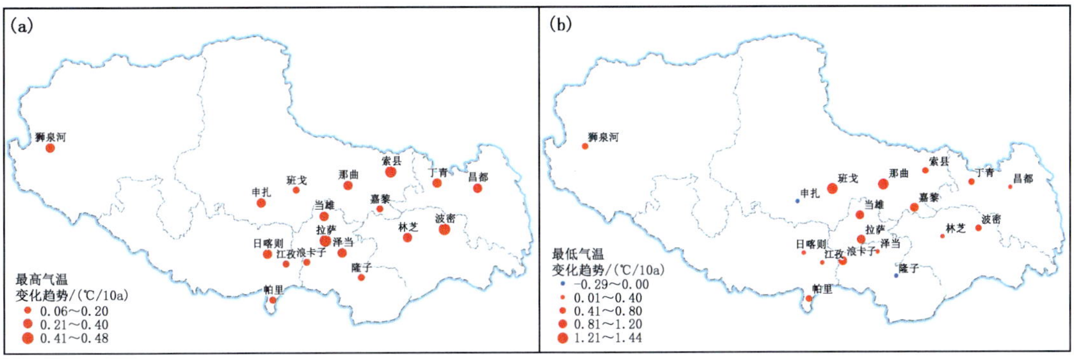

图 2.43　1961—2022 年西藏年极端最高气温(a)和极端最低气温(b)变化趋势空间分布

2.2.2　最高气温极小值和最低气温极大值

1961—2022 年，西藏平均年最高气温极小值（图 2.44a）和最低气温极大值（图 2.44b）都表现为明显升高趋势，平均每 10 年分别升高 0.21 ℃（$P<0.05$）和 0.36 ℃（$P<0.01$）。近 42 年（1981—2022 年）平均年最高气温极小值和最低气温极大值升温幅度更明显，升温率分别为 0.33 ℃/10a（$P<0.1$）和 0.46 ℃/10a（$P<0.01$）。

2022 年，西藏平均年最高气温极小值为−4.8 ℃，较常年值偏低 0.4 ℃，为 1961 年以来的并列第二十四个偏低年份；平均年最低气温极大值为 12.5 ℃，较常年值偏高 1.6 ℃，为 1961 年以来的第二个高值年份。

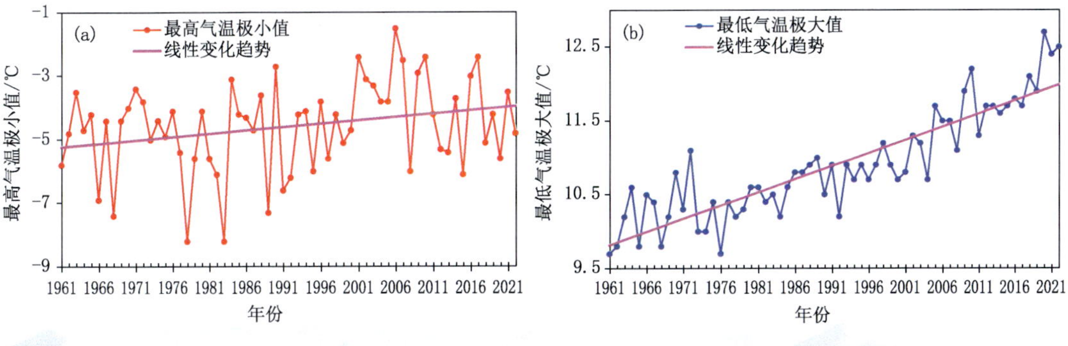

图 2.44　1961—2022 年西藏平均年最高气温极小值(a)和最低气温极大值(b)变化

从线性变化趋势空间分布来看，近62年(1961—2022年)年最高气温极小值(图2.45a)在江孜、嘉黎2个站表现为降低趋势，分别降低0.04 ℃ /10a、0.05 ℃ /10a；其余各站都趋于上升，升幅为0.01～0.63 ℃ /10a(5个站$P<0.05$)，以那曲升幅最大($P<0.01$)。年最低气温极大值在所有站均表现为升高趋势(图2.45b)，升幅为0.13～0.73 ℃/10a(各站$P<0.01$)，以拉萨升幅最大($P<0.01$)，当雄次之(0.52 ℃ /10a，$P<0.01$)，嘉黎最小。

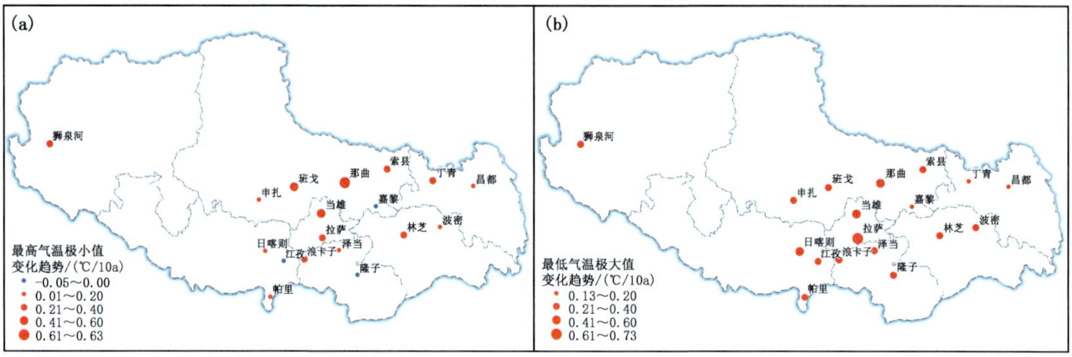

图2.45　1961—2022年西藏年最高气温极小值(a)和最低气温极大值(b)变化趋势空间分布

2.2.3　暖昼日数和冷昼日数

1961—2022年，西藏平均年暖昼日数呈显著增加趋势(图2.46a)，增幅为4.24 d/10a($P<0.01$)，近42年(1981—2022)增幅为5.5 d/10a($P<0.01$)；平均年冷昼日数呈明显减少趋势(图2.46b)，平均每10年减少3.7 d($P<0.01$)，近42年尤为明显，为−5.4 d/10a($P<0.01$)。

2022年，西藏平均年暖昼日数为67.9 d，较常年值偏多32.0 d，为1961年以来的第一个偏多年份；平均年冷昼日数为43.9 d，较常年值偏多7.8 d，为1961年以来的第二十一个偏多年份。

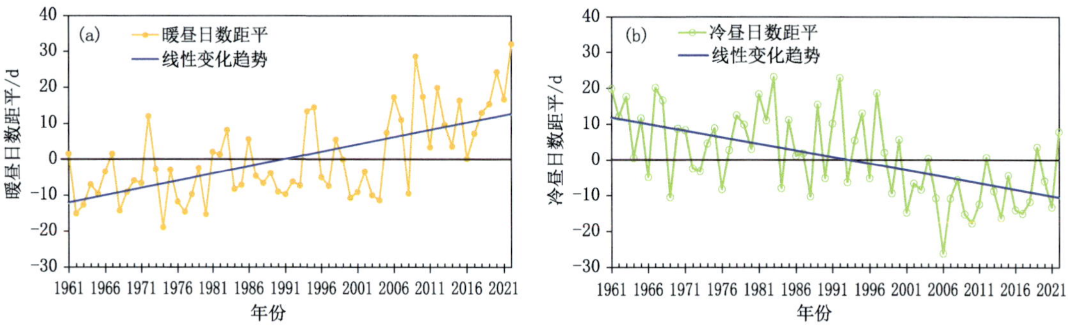

图2.46　1961—2022年西藏平均年暖昼日数(a)和冷昼日数(b)距平变化

从1961—2022年西藏年暖昼日数和冷昼日数变化趋势空间分布来看，所有站的年暖昼日数均呈增加趋势(图2.47a)，增幅为0.8～7.2 d/10a(16个站$P<0.05$)，以拉萨增幅最大($P<0.01$)，当雄次之(6.2 d/10a，$P<0.01$)，帕里增幅最小。而年冷昼日数在各站都表现为减少趋势(图2.47b)，为−5.8～−2.2 d/10a(各站$P<0.05$)，以拉萨减幅最大($P<0.01$)，泽当次之

（−5.2 d/10a，$P<0.01$），浪卡子和嘉黎减幅最小。近 42 年（1981—2022 年）年暖昼日数增加趋势较为明显，增幅为 2.5～8.1 d/10a（除帕里外，其余各站 $P<0.05$），增幅以当雄最大、帕里最小；年冷昼日数减少趋势也更突出，减幅为 −7.1～−3.9 d/10a（各站 $P<0.01$），减幅以索县最大、林芝最小。

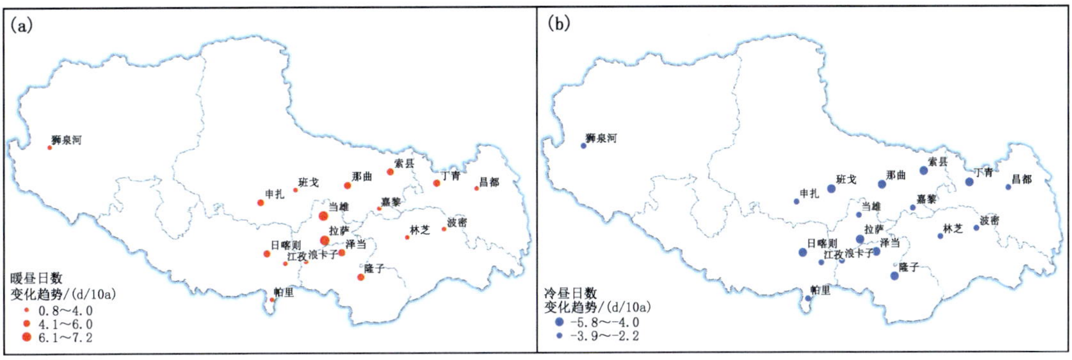

图 2.47　1961—2022 年西藏年暖昼日数（a）和冷昼日数（b）变化趋势空间分布

2.2.4　暖夜日数和冷夜日数

1961—2022 年，西藏平均年暖夜日数表现出显著的增加趋势（图 2.48a），增幅为 7.4 d/10a（$P<0.01$），近 42 年（1981—2022 年）增幅更为明显，达 10.5 d/10a（$P<0.01$）；平均年冷夜日数呈明显减少趋势（图 2.48b），平均每 10 年减少 5.1 d（$P<0.01$），近 42 年（1981—2022 年）减幅为 −5.2 d/10a（$P<0.01$）。

2022 年，西藏平均年暖夜日数为 61.0 d，较常年值偏多 25.7 d，为 1961 年以来的第五个偏多年份；平均年冷夜日数为 29.6 d，较常年值偏少 6.4 d，是 1961 年以来的第十六个偏少年份。

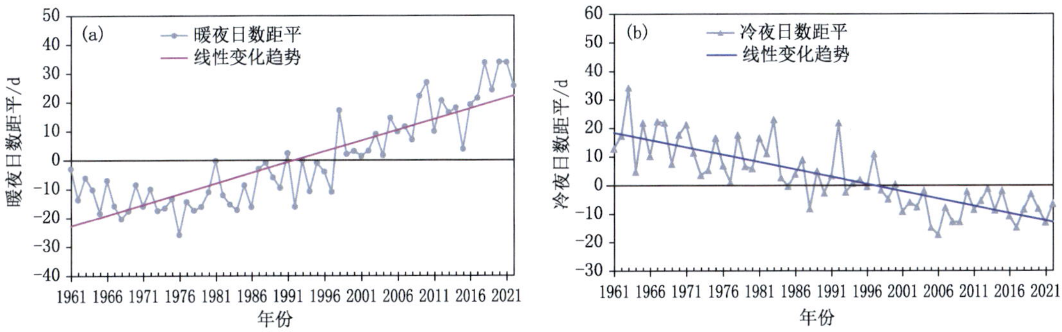

图 2.48　1961—2022 年西藏平均年暖夜日数（a）和冷夜日数（b）距平变化

根据近 62 年（1961—2022 年）西藏年暖夜日数和冷夜日数变化趋势空间分布来看，各站年暖夜日数呈显著增加趋势（图 2.49a），增幅为 3.8～11.8 d/10a（各站 $P<0.01$），以拉萨增幅最大，林芝次之（10.6 d/10a），嘉黎增幅最小；近 42 年（1981—2022 年）大部分站增幅更明显，增幅为 4.9～15.3 d/10a（$P<0.01$），以波密增幅最大。近 62 年（1961—2022 年）年冷夜日数在所有站都表现为一致的减少趋势（图 2.49b），平均每 10 年减少 0.5～11.1 d（16 个站

$P<0.01$)，以拉萨减幅最大($P<0.01$)，其次是那曲(−9.5 d/10a，$P<0.01$)，隆子减幅最小。

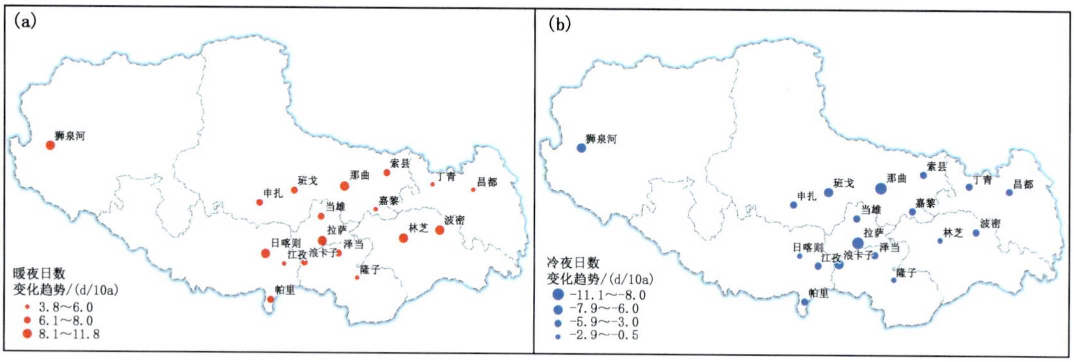

图 2.49　1961—2022 年西藏年暖夜日数(a)和冷夜日数(b)变化趋势空间分布

2.2.5　霜冻日数和结冰日数

1961—2022 年，西藏平均年霜冻日数(图 2.50a)和结冰日数(图 2.50b)均表现为显著减少趋势，平均每 10 年分别减少 5.2 d($P<0.01$)和 2.7 d($P<0.01$)；近 42 年(1981—2022 年)霜冻日数和结冰日数的减少更为明显，分别为−6.9 d/10a($P<0.01$)和−4.1 d/10a($P<0.01$)。

2022 年，西藏平均年霜冻日为 177.1 d，较常年值偏少 23.8 d，是 1961 年以来的第一个偏少年份；平均年结冰日数为 30.9 d，较常年值偏少 0.7 d，是 1961 年以来的第三十个偏少年份。

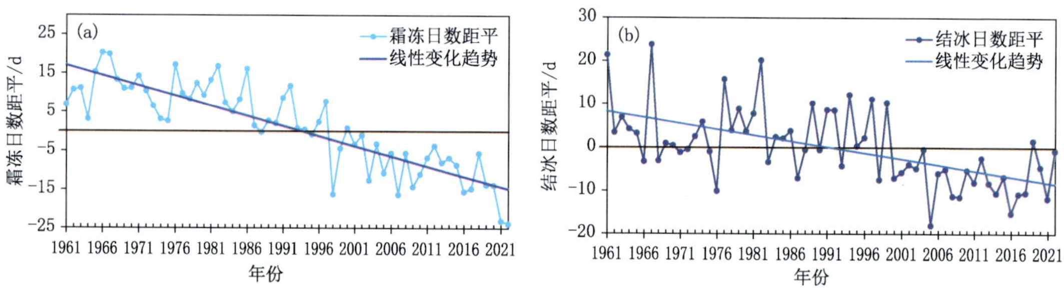

图 2.50　1961—2022 年西藏平均年霜冻日数(a)和结冰日数(b)距平变化

从 1961—2022 年西藏年霜冻日数和结冰日数变化趋势空间分布来看，年霜冻日数在各站都表现为减少趋势(图 2.51a)，平均每 10 年减少 2.0～9.5 d(各站 $P<0.01$)，以拉萨减幅最大，那曲次之(−9.2 d/10a)，隆子减幅最小。年结冰日数(图 2.51b)在林芝、隆子、波密和泽当 4 个站基本无变化；其他各站均表现为减少趋势，为−0.1～−6.5 d/10a(9 个站 $P<0.05$)，以班戈减幅最大($P<0.01$)，申扎次之(−5.8 d/10a，$P<0.01$)，昌都、拉萨减幅最小。近 42 年(1981—2022 年)绝大部分站年霜冻日数减少趋势明显，减幅为−3.0～−12.5 d(各站 $P<0.01$)，其那曲减幅最大($P<0.01$)，其次是拉萨(−11.0 d/10a，$P<0.01$)。年结冰日数波密基本无变化，其他各站减少趋势更明显。

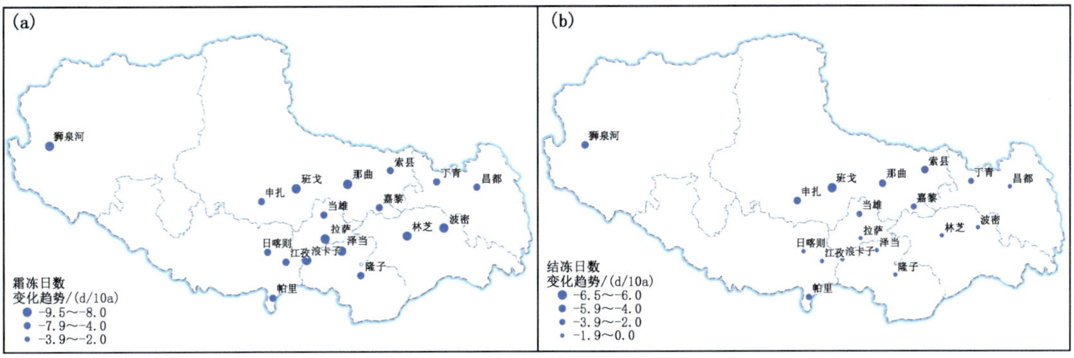

图 2.51 1961—2022 年西藏年霜冻日数(a)和结冰日数(b)变化趋势空间分布

2.2.6 生长季长度

1961—2022 年，西藏平均年生长季长度呈明显延长趋势(图 2.52)，平均每 10 年延长 4.1 d($P<0.01$)，近 42 年(1981—2022 年)平均年生长季长度延长趋势更明显，为 4.2 d/10a ($P<0.01$)。

2022 年，西藏平均年生长季长度为 198.1 d，较常年值偏多 7.8 d，是 1961 年以来并列的第十一个偏多年份。

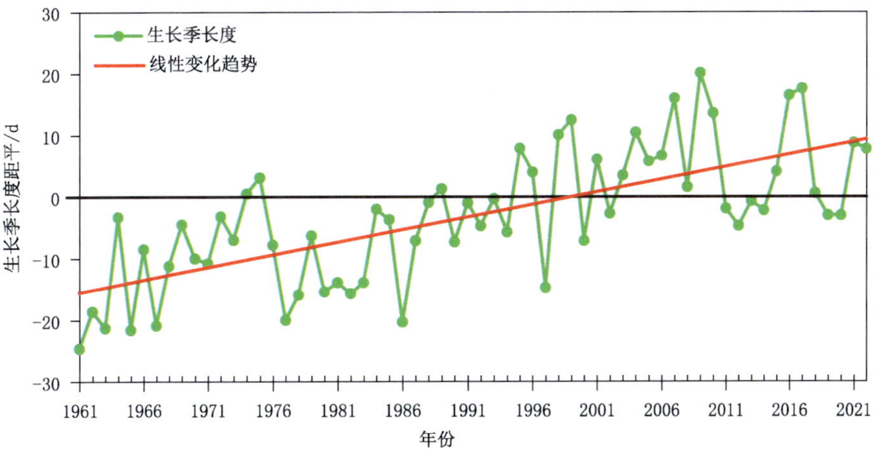

图 2.52 1961—2022 年西藏平均年生长季长度距平变化

从近 62 年(1961—2022 年)西藏年生长季长度变化趋势空间分布来看(图 2.53)，除嘉黎基本无变化外，其他各站均呈延长趋势，平均每 10 年延长 1.3～10.8 d(15 个站 $P<0.05$)，以拉萨延长幅度最大($P<0.01$)，其次是泽当(8.1 d/10a，$P<0.01$)，帕里最小。近 32 年(1991—2022 年)，日喀则、隆子、浪卡子、索县、泽当和丁青 6 个站年生长季长度表现为弱的缩短趋势，平均每 10 年缩短 0.1～1.9 d(隆子缩短最多)；其他大部分站年生长季长度仍趋于延长，平均每 10 年延长 0.6～10.0 d，以狮泉河最大($P<0.01$)，江孜次之 4.7 d/10a($P<0.01$)，昌都最小。

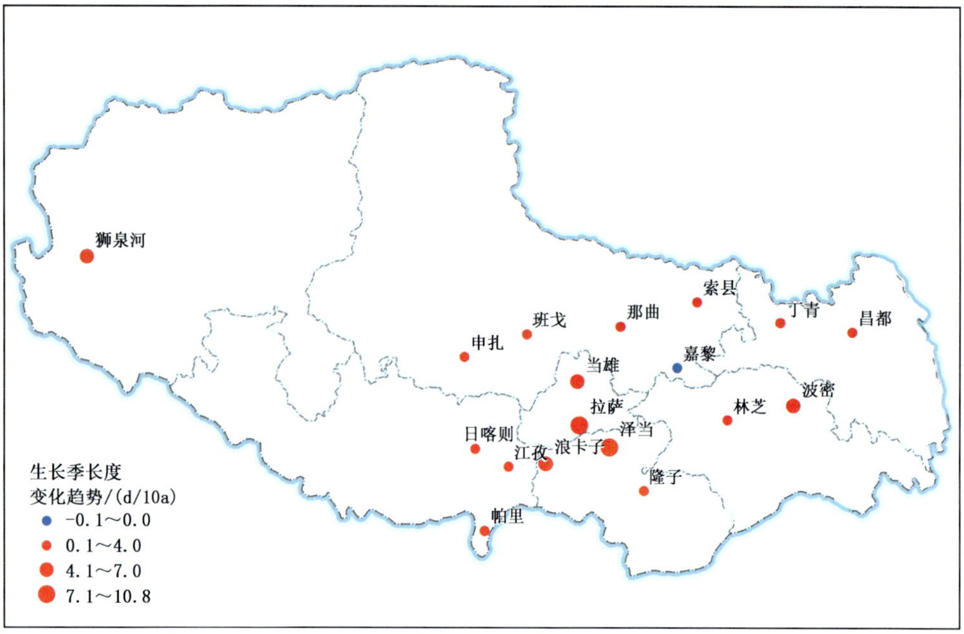

图 2.53　1961—2022 年西藏年生长季长度变化趋势空间分布

2.2.7　1 日最大降水量和连续 5 日最大降水量

1961—2022 年，西藏平均 1 日最大降水量(图 2.54a)和连续 5 日最大降水量(图 2.54b)都表现为较弱的增加趋势，增幅分别为 0.32 mm/10a($P<0.1$)和 0.57 mm/10a。近 32 年(1991—2022 年)两者增幅明显，平均每 10 年分别增加 1.17 mm($P<0.05$)和 2.27 mm($P<0.05$)。

2022 年，西藏平均 1 日最大降水量为 27.2 mm，比常年值偏少 0.5 mm。平均连续 5 日最大降水量为 57.0 mm，比常年值偏少 2.3 mm。其中，芒康 4 月 1 日降水量为 19.8 mm、尼木 9 月 14 日 35.6 mm、隆子 10 月 25 日 30.0 mm、察隅 10 月 25 日 66.0 mm，均创历史同期 1 日最大降水量。

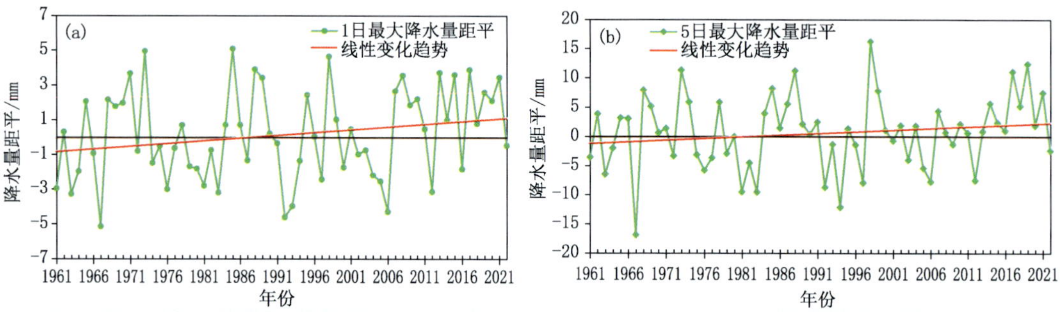

图 2.54　1961—2022 年西藏平均 1 日最大降水量(a)和连续 5 日最大降水量(b)距平变化

从 1961—2022 年西藏 1 日最大降水量和连续 5 日最大降水量变化趋势空间分布来看，

67％的站1日最大降水量为增加趋势(图2.55a)，增幅为0.31～0.99 mm/10a，班戈增幅最大($P<0.05$)；波密无变化；其余各站均趋于减少，平均每10年减少0.04～0.95 mm，以索县减幅最大($P<0.1$)。56％的站连续5日最大降水量呈增加趋势(图2.55b)，增幅为0.23～3.14 mm/10a(申扎和隆子 $P<0.01$)，以波密增幅最大；其余各站均为减小趋势，为−0.03～−1.45 mm/10a，其中丁青减幅最大。

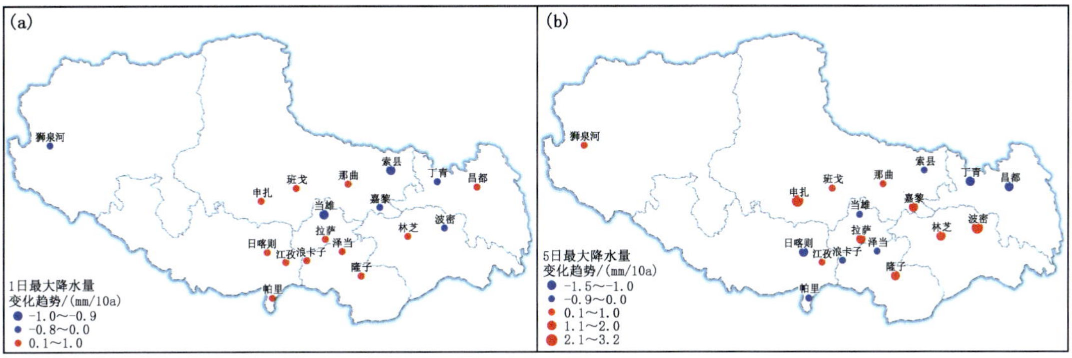

图2.55 1961—2022年西藏1日最大降水量(a)和连续5日最大降水量(b)变化趋势空间分布

2.2.8 降水强度

1961—2022年，西藏平均年降水强度呈弱的增加趋势(图2.56)，平均每10年增大0.05 mm/d；近32年(1991—2022年)平均年降水强度增大趋势明显，为0.12(mm/d)/10a。

2022年，西藏平均年降水强度为5.94 mm/d，比常年值(5.83 mm/d)略偏大0.11 mm/d。其中，波密平均年降水强度最大，为8.5 mm/d；其次是江孜，为7.3 mm/d。

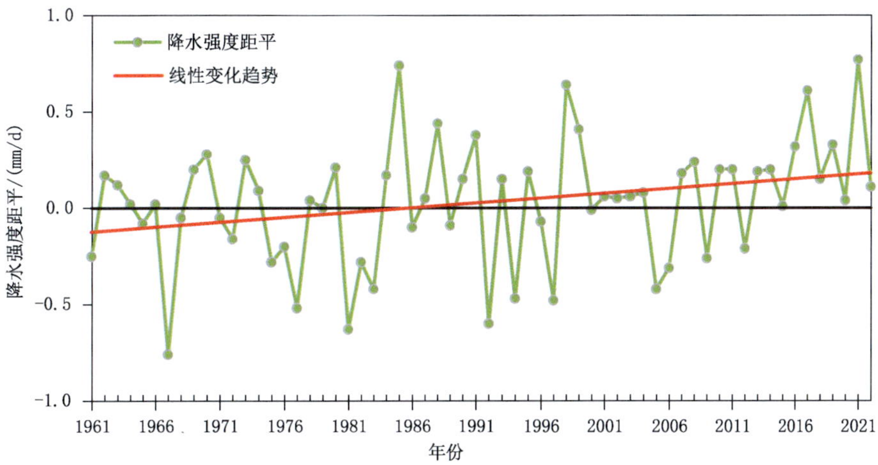

图2.56 1961—2022年西藏平均年降水强度距平变化

从1961—2022年西藏年降水强度变化趋势空间分布来看(图2.57)，72％的站年降水强度趋于增大，平均每10年增大0.02～0.22 mm/d，其中波密增幅最大($P<0.01$)；其余各站年降水强度均表现为减小趋势，为−0.01～−0.12(mm/d)/10a，以当雄减幅最大($P<0.05$)。

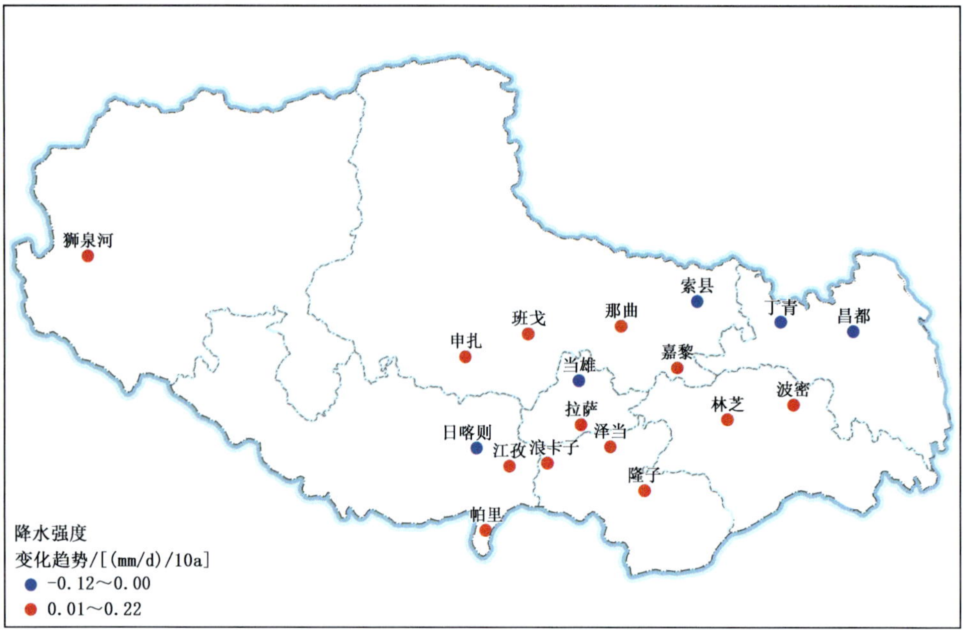

图 2.57 1961—2022 年西藏年降水强度变化趋势空间分布

2.2.9 中雨日数和大雨日数

1961—2022 年，西藏平均年中雨日数呈增加趋势(图 2.58a)，增幅为 0.33 d/10a($P<0.05$)；平均年大雨日数表现为弱的增加趋势(图 2.58b)，为 0.09 d/10a($P<0.1$)。

2022 年，西藏平均年中雨日数为 12.50 d，较常年值偏少 0.60 d，为 1961 年以来的第二十五个偏少年份；平均年大雨日数为 2.39 d，较常年值略偏少 0.17 d，是 1961 年以来的第二十四个偏少年份。

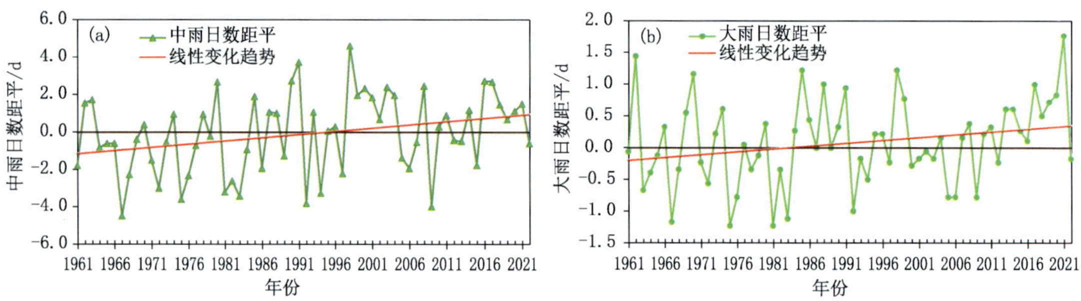

图 2.58 1961—2022 年西藏平均年中雨日数(a)和大雨日数(b)距平变化

从变化趋势空间分布来看，近 62 年(1961—2022 年)83%的站年中雨日数趋于增多(图 2.59a)，增幅为 0.03～1.57 d/10a，以波密最大($P<0.01$)；当雄、江孜和日喀则 3 个站年中雨日数表现为减少趋势，平均每 10 年减少 0.19～0.40 d，其中当雄减幅最大。年大雨日数 67%的站表现为增多趋势(图 2.59b)，增幅为 0.05～0.53 d/10a，以波密最大($P<0.05$)；其余各站年大雨日数呈减少趋势，为−0.01～−0.15 d/10a，其中丁青减幅最大。

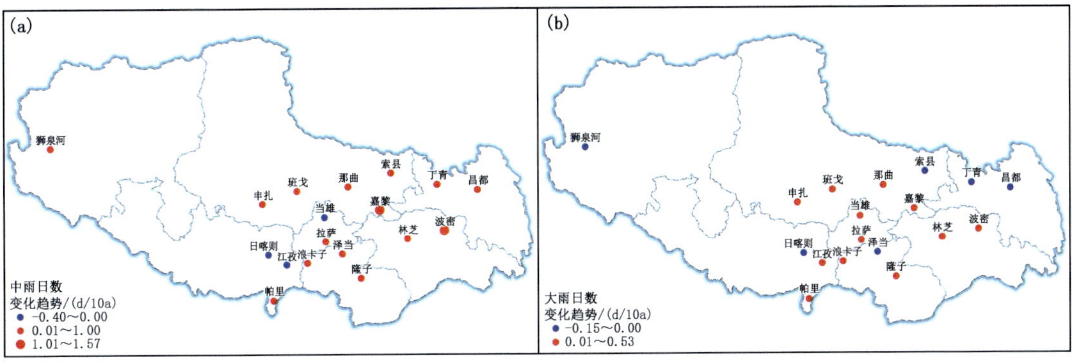

图 2.59　1961—2022 年西藏年中雨日数(a)和大雨日数(b)变化趋势空间分布

2.2.10　连续干旱日数和连续湿润日数

1961—2022 年，西藏平均年连续干旱日数呈显著减少趋势(图 2.60a)，平均每 10 年减少 3.4 d(P<0.01)；平均年连续湿润日数呈弱的增加趋势(图 2.67b)，增幅为 0.04 d/10a。近 32 年(1991—2022 年)，西藏平均年连续干旱日数呈弱的减少趋势，为－2.1 d/10a；平均年连续湿润日数趋于减少，为－0.23 d/10a。

2022 年，西藏平均年连续干旱日数为 75.5 d，较常年值(104.0 d)偏少 28.5 d，为 1961 年以来的第四个少年份；平均年连续湿润日数为 8.2 d，较常年值(8.6 d)偏少 0.4 d，是 1961 年以来并列的第二十三个少年份。

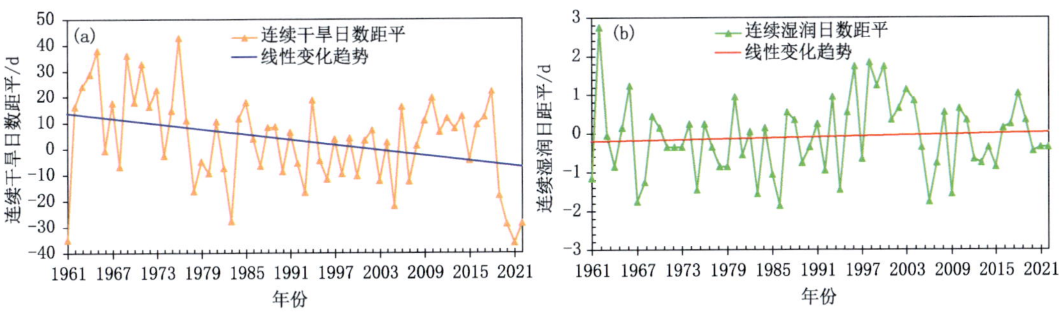

图 2.60　1961—2022 年西藏平均年连续干旱日数(a)和连续湿润日数(b)距平变化

从变化趋势空间分布来看，近 62 年(1961—2022 年)83%的站年连续干旱日数呈减少趋势(图 2.61a)，平均每 10 年减少 0.13～9.98 d，以申扎减幅最大(P<0.01)，隆子次之(－6.89 d/10a，P<0.05)；其余各站表现为增加趋势，增幅为 0.39～1.18 d/10a，以狮泉河增幅最大。年连续湿润日数 61%的站表现为增加趋势(图 2.61b)，增幅为 0.01～0.50 d/10a，其中嘉黎增幅最大(P<0.01)；隆子持平；其余各站均呈减少变化特征，为－0.02～－0.26 d/10a，以帕里减幅最大。而近 32 年(1991—2022 年)56%的站年连续干旱日数趋于增加，增幅为 0.61～10.77 d/10a，当雄增幅最大(P<0.05)，索县次之(10.76 d/10a，P<0.05)；72%的站年连续湿润日数呈减少趋势，为－0.07～－1.84 d/10a，以林芝减幅最大(P<0.05)，波密次之，为－1.56 d/10a(P<0.01)。

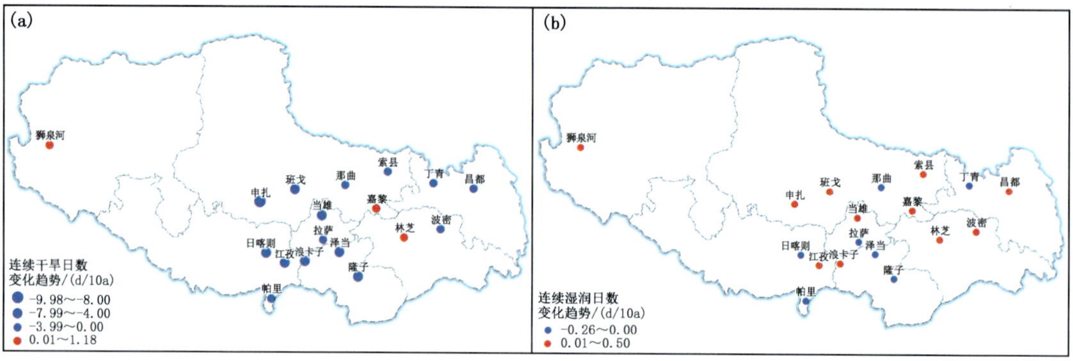

图 2.61　1961—2022 年西藏年连续干旱日数(a)和连续湿润日数(b)变化趋势空间分布

2.2.11　强降水量和极强降水量

1961—2022 年，西藏平均年强降水量(图 2.62a)和极强降水量(图 2.62b)都表现为增加趋势，增幅分别为 3.61 mm/10a($P<0.05$)和 1.50 mm/10a($P<0.05$)。近 32 年(1991—2022 年)平均年强降水量和极强降水量增加趋势更为明显，平均每 10 年分别增加 10.02 mm($P<0.01$)和 5.14 mm($P<0.05$)。

2022 年，西藏平均年强降水量为 93.16 mm，较常年值偏多 6.06 mm，为 1961 年以来的第二十八个偏多年份；平均年极强降水量为 25.66 mm，较常年值偏多 0.57 mm，是 1961 年以来的第二十九个偏多年份。

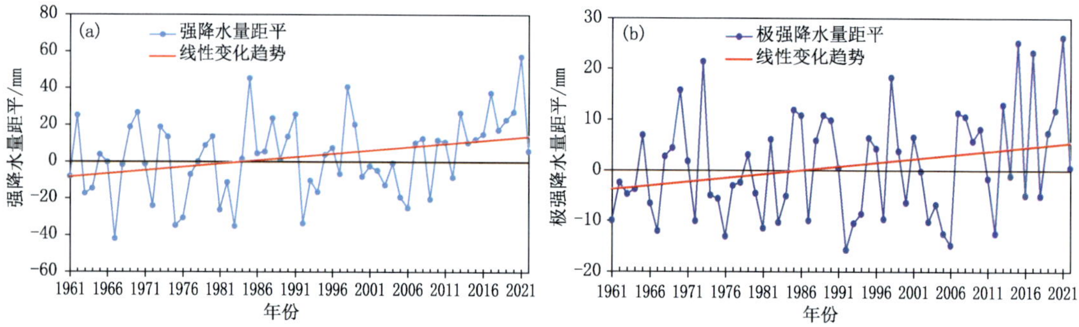

图 2.62　1961—2022 年西藏平均年强降水量(a)和极强降水量(b)距平变化

从变化趋势空间分布来看，近 62 年(1961—2022 年)72%的站年强降水量趋于增多(图 2.63a)，增幅为 0.98～15.09 mm/10a，以波密增幅最大($P<0.1$)，林芝次之(7.33 mm/10a)；其他 5 个站均呈减少趋势，平均每 10 年减少 0.63～4.00 mm，其中丁青减幅最大。年极强降水量(图 2.63b)67%的站表现为增多趋势，增幅为 1.16～7.21 mm/10a，以林芝增幅大($P<0.05$，近 32 年增幅达 18.51 mm/10a)；其他 6 个站均呈减少趋势，平均每 10 年减少 0.01～3.98 mm(索县减幅最大)。

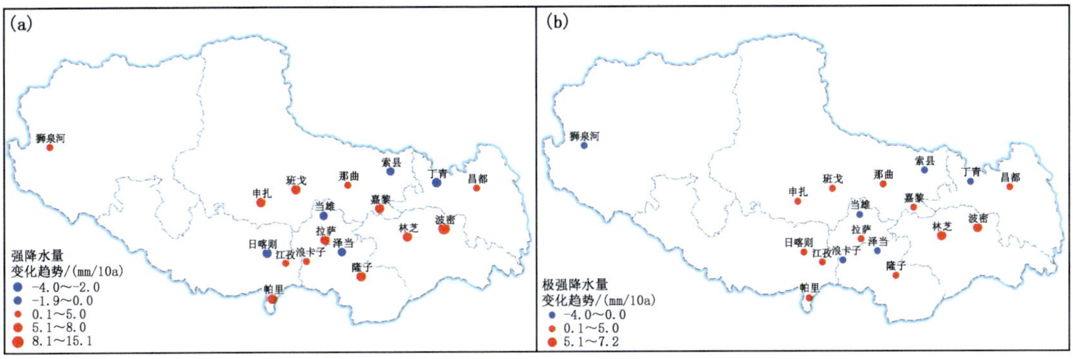

图 2.63　1961—2022 年西藏年强降水量(a)和极强降水量(b)变化趋势空间分布

2.3　天气现象

2.3.1　霜

1961—2022 年，西藏平均年霜日数呈明显增加趋势(图 2.64)，平均每 10 年增加 1.55 d。20 世纪 60 年代至 80 年代中期霜日数偏少，80 年代后期至 90 年代霜日数偏多，进入 21 世纪后以振荡减少为其年际变化特征。近 32 年(1991—2022 年)平均年霜日数表现为显著的减少趋势，为−20.94 d/10a($P<0.01$)。

2022 年，西藏平均年霜日数为 70 d，较常年值(124 d)偏少 54 d，是 1961 年以来的第三个少年份。

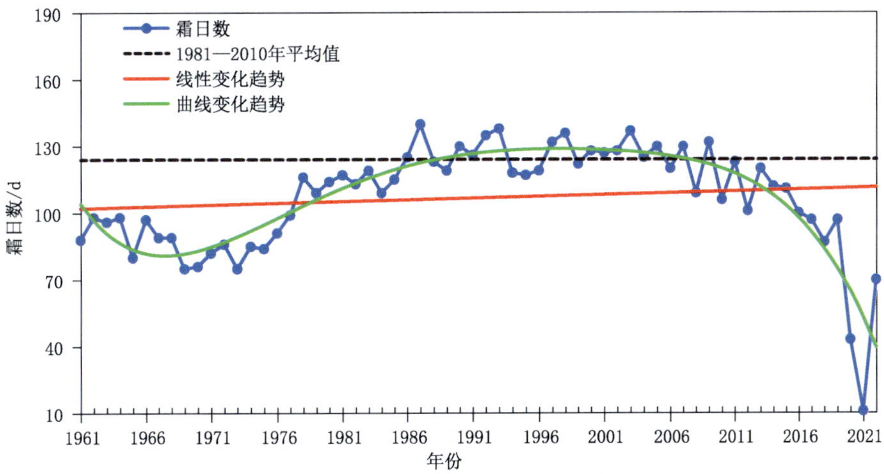

图 2.64　1961—2022 年西藏平均年霜日数变化

从 1961—2022 年西藏年霜日数变化趋势空间分布来看(图 2.65)，拉萨、班戈、索县、帕里、狮泉河、日喀则、波密、丁青 8 个站年霜日数均表现为减少趋势，为−1.49～−20.73 d/10a，以拉萨减幅最大($P<0.01$)，班戈次之(−10.80 d/10a，$P<0.01$)，波密减幅最小；其他各站年霜日数均呈增加趋势，增幅为 2.57～17.79 d/10a，以当雄增幅最大($P<0.01$)，其次是江孜

(13.91 d/10a,$P<0.01$),昌都增幅最小。近 32 年(1991—2022 年)年霜日数各站均呈减少趋势,为−0.73～−40.08 d/10a,以嘉黎减幅最大($P<0.01$),索县次之,为−39.12 d/10a($P<0.01$),申扎减幅最小。

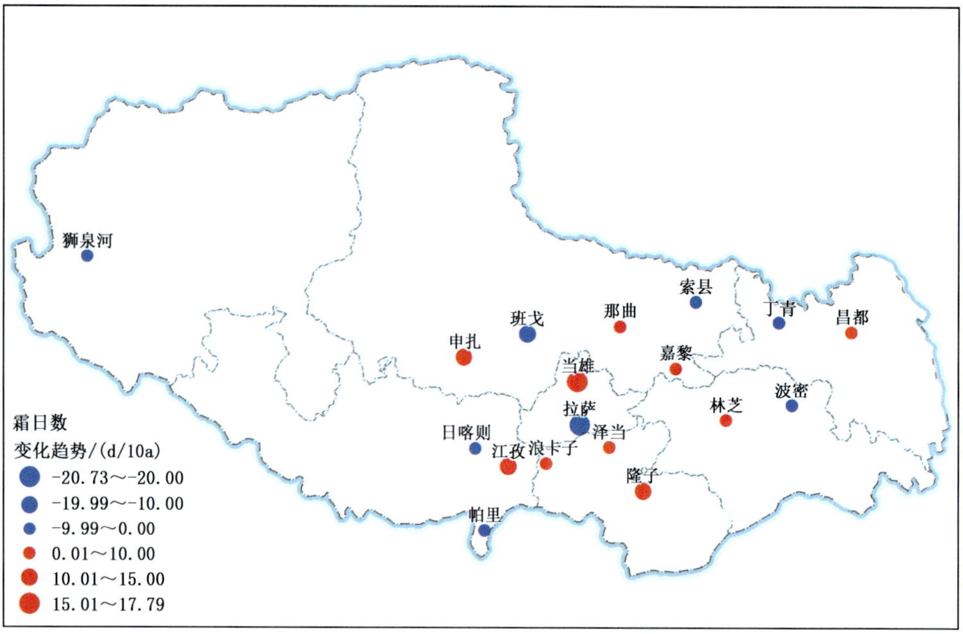

图 2.65　1961—2022 年西藏年霜日数变化趋势空间分布

2.3.2　冰雹

1961—2022 年,西藏平均年冰雹日数呈明显减少趋势(图 2.66),平均每 10 年减少 2.15 d ($P<0.01$),特别是近 32 年(1991—2022 年)减幅更为明显,为−3.34 d/10a($P<0.01$)。20 世纪 60 年代中期至 80 年代初为西藏冰雹高发期,以 70 年代最多;90 年代以来明显减少。

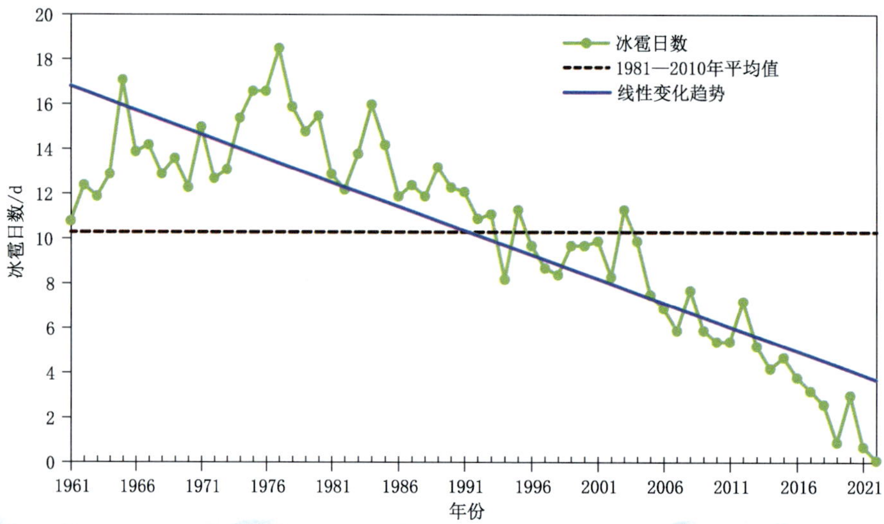

图 2.66　1961—2022 年西藏平均年冰雹日数变化

2022 年，西藏平均年冰雹日数为 0.1 d，较常年值(10.3 d)偏少 10.2 d，是 1961 年以来的最少年份。

从近 62 年(1961—2022 年)西藏年冰雹日数变化趋势空间分布来看(图 2.67)，各站年冰雹日数均表现为减少趋势，为−0.19～−5.35 d/10a，以申扎减幅最大($P<0.01$)，班戈次之(−4.34 d/10a，$P<0.01$)，波密减幅最小。近 32 年(1991—2022 年)大部分站年冰雹日数减少趋势更为明显，其中班戈为−11.47 d/10a($P<0.01$)，申扎为−8.35 d/10a($P<0.01$)。

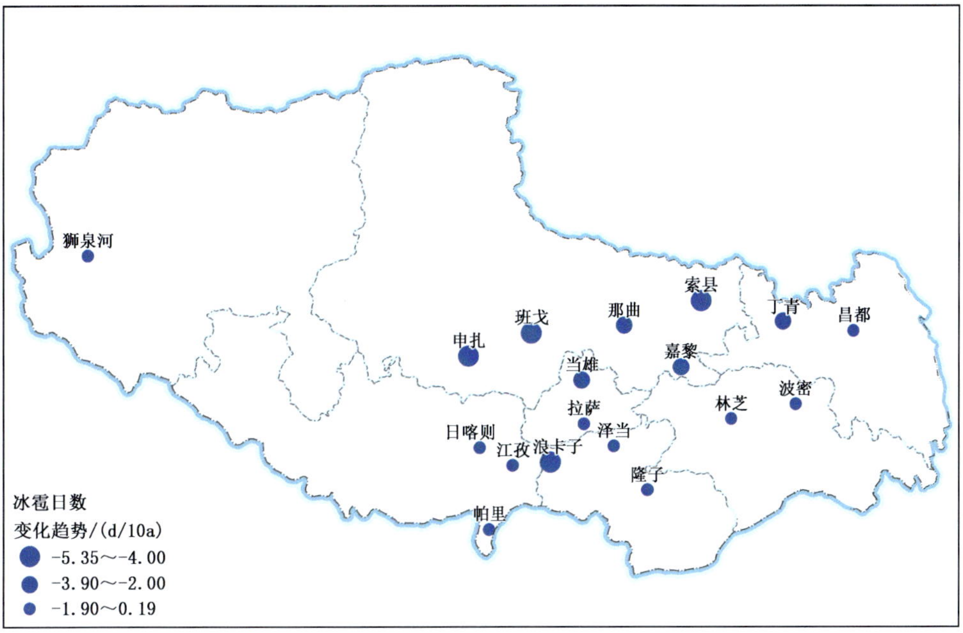

图 2.67 1961—2022 年西藏年冰雹日数变化趋势空间分布

2.3.3 大风

1965—2022 年，西藏平均年大风日数呈明显减少趋势(图 2.68)，平均每 10 年减少 9.00 d($P<0.01$)。20 世纪 60 年代中后期至 80 年代为西藏大风多发期，90 年代以来明显减少。

2022 年，西藏平均年大风日数为 26 d，较常年值(46 d)偏少 20 d，为 1965 年以来的第三个偏少年份。

从 1965—2022 年西藏年大风日数变化趋势空间分布来看(图 2.69)，89%的站年大风日数均呈减少趋势，为−0.53～−26.84 d/10a，以狮泉河减幅最大($P<0.01$)，其次是泽当(−24.99 d/10a，$P<0.01$)，波密减幅最小。索县、帕里表现为增加趋势，增幅分别为 4.95 d/10a($P<0.1$)、4.02 d/10a($P<0.05$)。近 32 年(1991—2022 年)83%的站年大风日数呈减少趋势，平均每 10 年减少 0.87～14.31 d，以索县减幅最大($P<0.1$)，其次是那曲(−13.03 d/10a，$P<0.01$)，波密减幅最小。申扎、嘉黎、帕里呈增加趋势，增幅为 1.81～13.03 d/10a，其中申扎增幅最大($P<0.01$)。

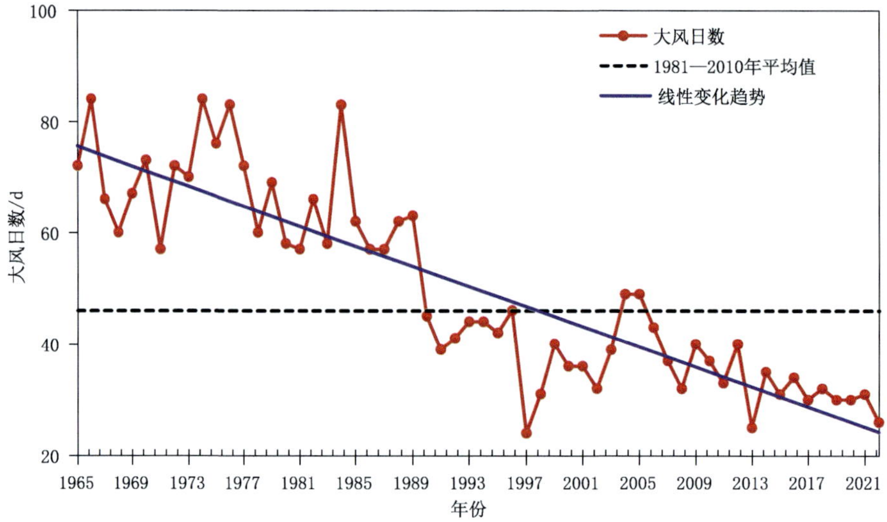

图 2.68　1965—2022 年西藏平均年大风日数变化

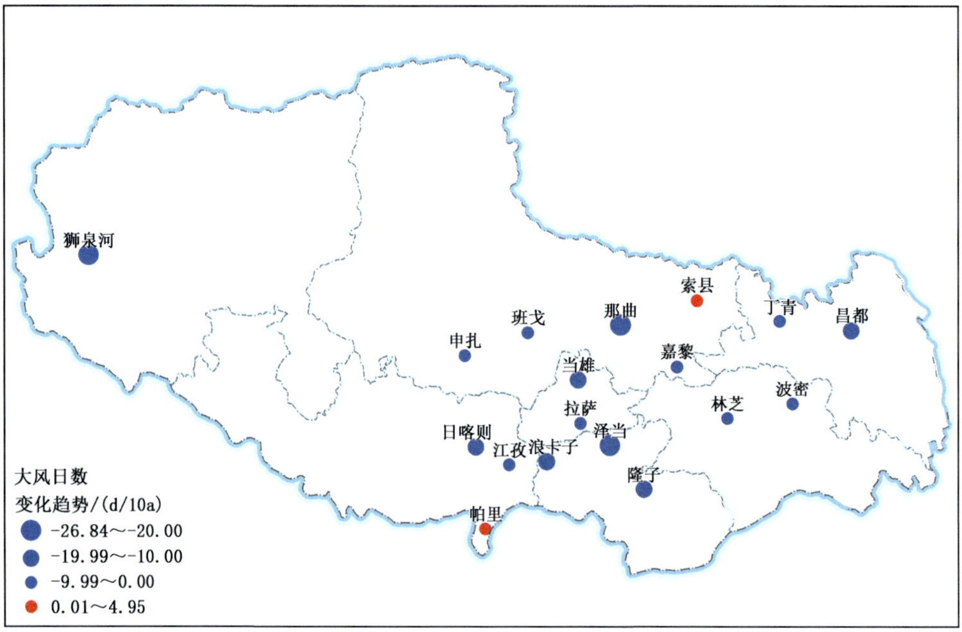

图 2.69　1965—2022 年西藏年大风日数变化趋势空间分布

2.3.4　沙尘暴

1961—2022 年，西藏平均年沙尘暴日数呈显著减少趋势（图 2.70），平均每 10 年减少 1.18 d（$P<0.01$）。20 世纪 70 年代中期至 80 年代初为沙尘暴频发期，90 年代初以后明显减少，尤其是 2004 年以来减少得更为明显，其中 2014—2022 年，除那曲、隆子外，其他各站连续 9 年没有出现过沙尘暴。

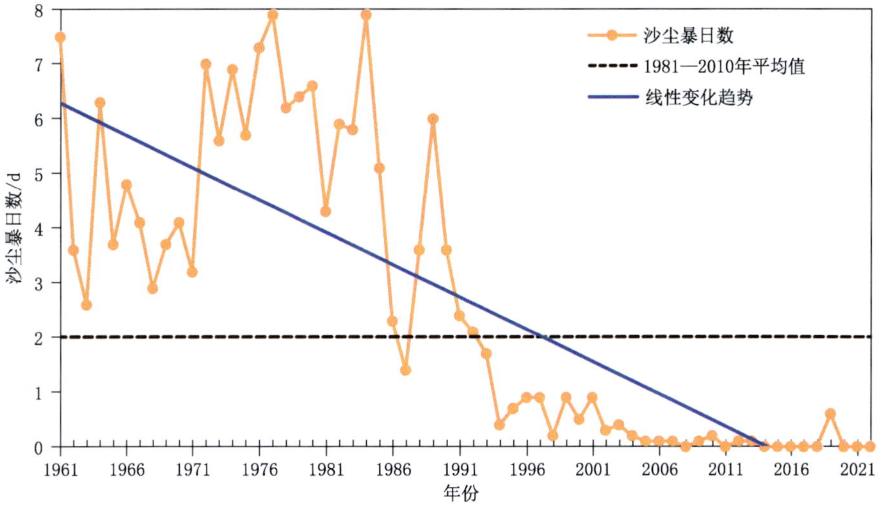

图 2.70　1961—2022 年西藏平均年沙尘暴日数变化

从 1961—2022 年西藏年沙尘暴日数变化趋势空间分布来看(图 2.71)，近 62 年(1961—2022 年)各站均表现为减少趋势，其中林芝、嘉黎、波密减幅较小，不足 0.10 d/10a；其他各站平均每 10 年减少 0.11～4.20 d，以申扎减幅最大(P<0.01)，泽当次之(－3.64 d/10a，P<0.01)，索县减幅最小。

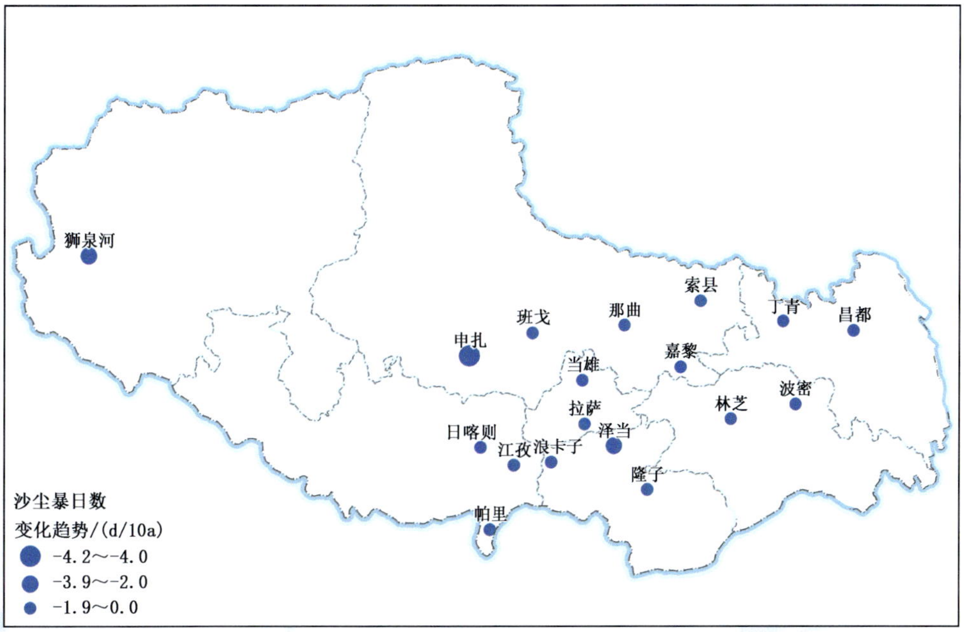

图 2.71　1961—2022 年西藏年沙尘暴日数变化趋势空间分布

第3章 西藏自治区冰雪圈的变化

冰雪圈是指水分以冻结状态(雪和冰)存在的地球表层的一部分,它由雪盖、冰盖、冰川、多年冻土及浮冰(海冰、湖冰和河冰)组成。冰雪圈以高反照率、高冷储、巨大相变潜热、强大的冷水大洋驱动,以及显著的温室气体源汇作用而对全球和区域气候系统施加着强烈的反馈作用,是气候系统五大圈层之一。

冰雪圈由于对气候的高度敏感性和重要的反馈作用,是影响全球和区域气候变化的重要因子,也是对全球气候变化最为敏感的一个圈层。《中国气候变化蓝皮书(2023)》(巢清尘 等,2023)显示:全球冰川消融加速,处于物质高亏损状态。青藏高原是中国冰雪圈分布最广的区域,冰雪圈面积达160万 km^2,占中国冰雪圈总面积的70%。受气候变化和人类活动的影响,冰雪圈变化的气候效应、环境效应、资源效应、生态效应、灾害效应和社会效应日趋显著,对未来生态与环境安全和社会经济发展等将产生广泛和深刻的影响(姚檀栋 等,1992,2013;康尔泗,1996)。本章从西藏自治区积雪、冻土和对部分冰川的监测出发,揭示了冰雪圈气候变化的观测事实,对综合分析冰雪圈主要成员变化的强度、模式和速率及其影响具有重要意义。

3.1 冰川

以青藏高原为中心的冰川群是中国乃至整个亚洲高原冰川的核心。根据第一次中国冰川编目资料统计(米德生 等,2002;蒲健辰 等,2004;施雅风 等,2000),青藏高原中国境内有现代冰川36793条,冰储量约为4561.39 km^3,分别占中国冰川总条数的79.5%、冰川总面积49873.44 km^2 的84.0%和冰储量的81.6%。这些冰川大多集中分布在高原南缘的喜马拉雅山、西部的喀喇昆仑山和北部的昆仑山西段等山系。由于全球气候变暖,青藏高原冰川自20世纪90年代以来呈全面、加速退缩趋势(姚檀栋 等,2004;2007;施雅风 等,2006;陈锋 等,2009;Yao et al.,2012)。

西藏冰川(积雪)主要分布在冈底斯山脉、喜马拉雅山脉、念青唐古拉山脉、昆仑山脉及藏东南等地区(边多 等,2021a),冰川(积雪)区域距离较近的主要居民点分布在国道318、349、558、109、219、564和省道303公路沿线(图3.1)。由于目前遥感技术手段无法区别冰川和常年积雪,本公报中将冰川与常年积雪一并处理。

3.1.1 羌塘高原冰川分布

3.1.1.1 古里雅冰川

古里雅冰川地处青藏高原西北边缘的西昆仑山,界于西藏自治区和新疆维吾尔自治区,大部分冰盖位于西藏自治区境内,是目前在中低纬度发现的最高、最大、最厚和最冷的冰帽。该

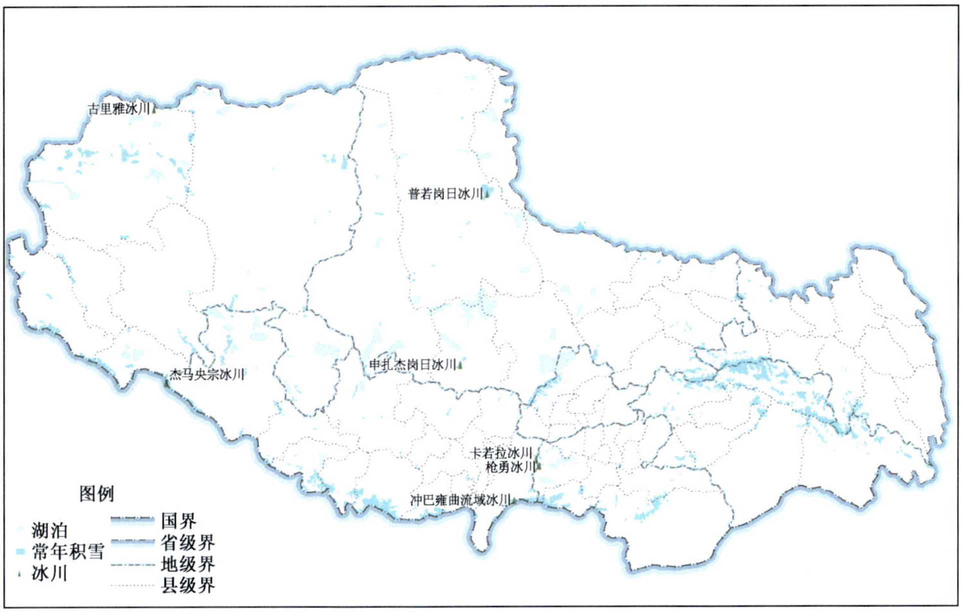

图 3.1 西藏自治区冰川(积雪)分布

冰帽是一个极地型冰川，不仅冰温、冰川性质与极地冰相近，而且冰面气候环境特征也同极地冰盖一样具有明显的空间变化特征，该冰帽总面积达 376.05 km²，平均厚度约为 200 m(姚檀栋 等，1992)。古里雅冰帽还是迄今在中国发现的最稳定的冰川。

根据 1993 年、1996 年、1999 年和 2000—2022 年多源卫星遥感数据分析(图 3.2)，古里雅冰川面积呈减小趋势，平均面积为 137.84 km²，平均每 10 年减小 0.11 km²。1993—2002 年冰川面积减小 1.87 km²，达 1.35%；2003—2022 年呈波动减小，面积减小 0.56 km²，达 0.41%；2022 年冰川面积为 137.36 km²，较 1993 年减小 1.51 km²，达 1.09%。

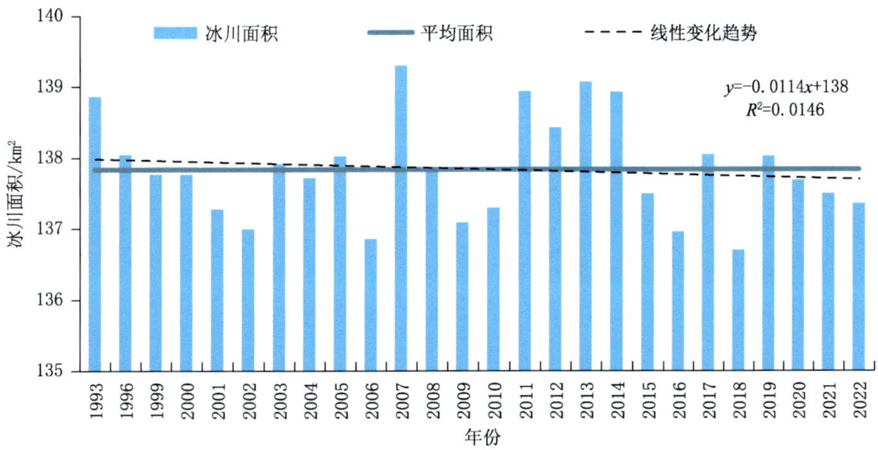

图 3.2 1993—2022 年古里雅冰川面积变化

从 1993—2022 年空间变化来看(图 3.3)，古里雅冰川面积整体较稳定，但东部变化较明显。

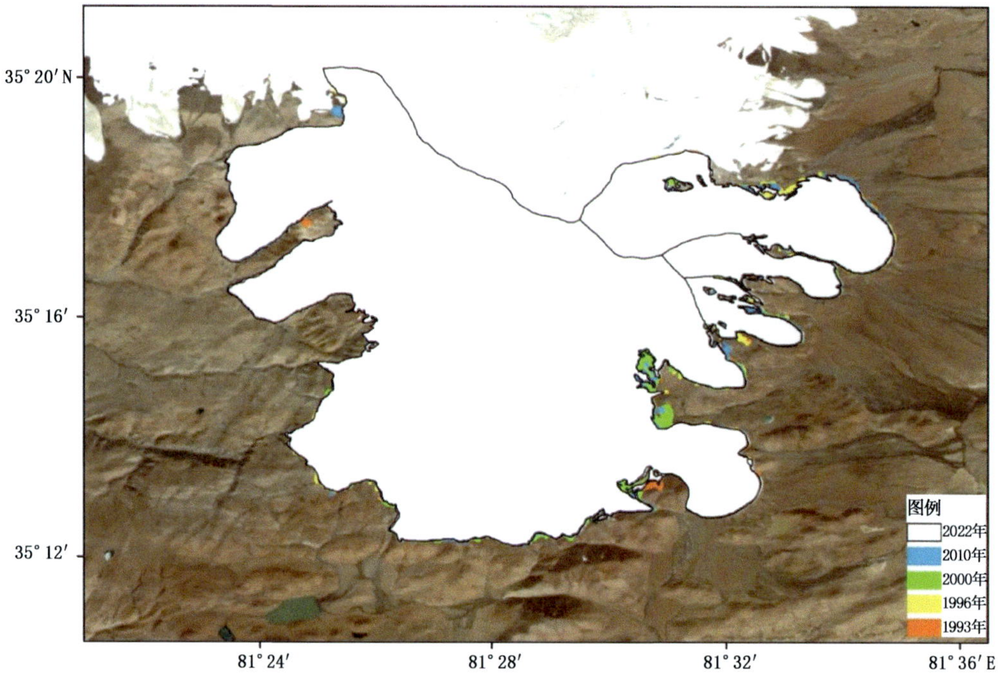

图 3.3　1993—2022 年古里雅冰川空间变化

3.1.1.2　申扎杰岗日冰川

申扎杰岗日冰川介于东经 88°25′～88°42′和北纬 30°29′～30°53′之间，地处西藏自治区申扎县西南部，最高峰甲岗峰海拔 6444 m，共有冰川 133 条，面积约 87 km^2，其中，以悬冰川数量最多，共 106 条，面积 38 km^2，较大的冰川为甲岗峰南的扎嘎冰川，朝向东，长 3.6 km，面积 3.47 km^2，末端海拔 5380 m，粒雪线海拔 5700 m。岗清万弄冰川是该山最大的冰川，长 4.1 km，面积 4.26 km^2，冰舌末端海拔 5630 m，冰川融水哺育了申扎河两岸大片的沼泽，汇入格仁错。

根据 1976 年、1989 年和 2000—2022 年多源卫星遥感数据分析(图 3.4)，申扎杰岗日冰川面积变化总体呈减小趋势，平均面积为 80.08 km^2，平均每 10 年减小 13.18 km^2。2022 年冰川面积为 69.82 km^2，较 1976 年减小 48.24 km^2，达 40.86%。

从 1976—2022 年空间变化来看(图 3.5)，申扎杰岗日冰川山脉西坡方向及其南部零碎冰川有明显的退缩现象。

3.1.1.3　普若岗日冰川

普若岗日冰川介于东经 89°00′～89°18′和北纬 33°43′～34°02′之间，位于西藏那曲市，是藏北高原最大的由数个冰帽型冰川组合成的大冰原，覆盖总面积为 422.58 km^2，冰储量为 52.52 km^3，冰川雪线海拔 5620～5860 m，是世界上最大的中低纬度冰川，也被确认为世界上除南极、北极以外最大的冰川(蒲健辰 等，2002；Su et al.，2002；井哲帆 等，2003；拉巴 等，2016)。

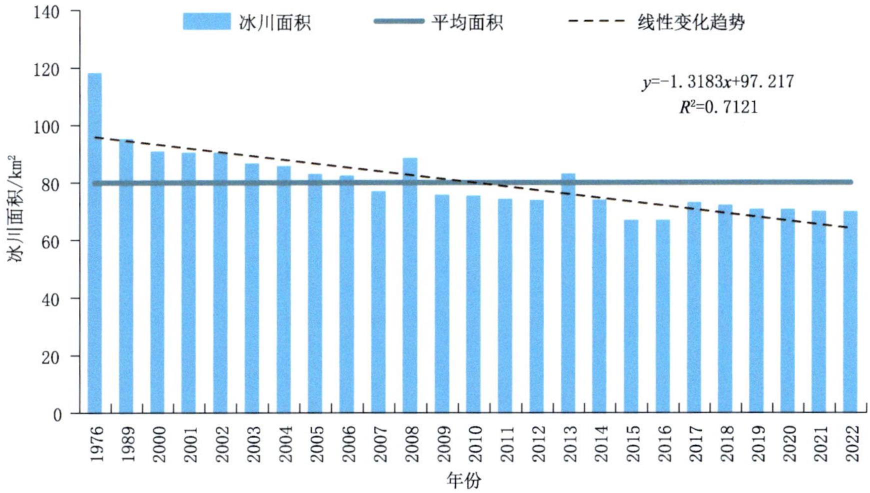

图 3.4 1976—2022 年申扎杰岗日冰川面积变化

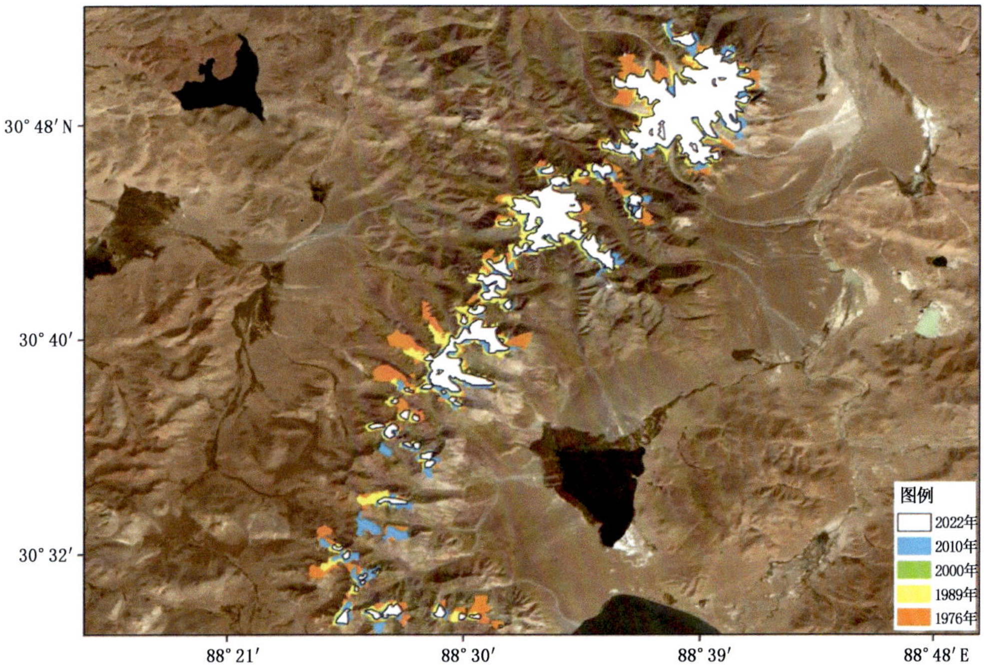

图 3.5 1976—2022 年申扎杰岗日冰川空间变化

根据 1976 年、1984 年、1992 年、1996 年和 2000—2022 年多源卫星遥感数据分析(图 3.6),普若岗日冰川面积变化整体呈波动减小趋势,平均面积为 410.27 km²,平均每 10 年减小 11.05 km²。其中,2022 年冰川面积达到最低值为 389.04 km²,较 1976 年减小 46.53 km²,达 10.68%。

从 1976—2022 年空间变化来看(图 3.7),普若岗日冰川四周均处于退缩状态。其中,除位于冰川西部偏北和南部变化不明显以外,其他区域退缩较明显。

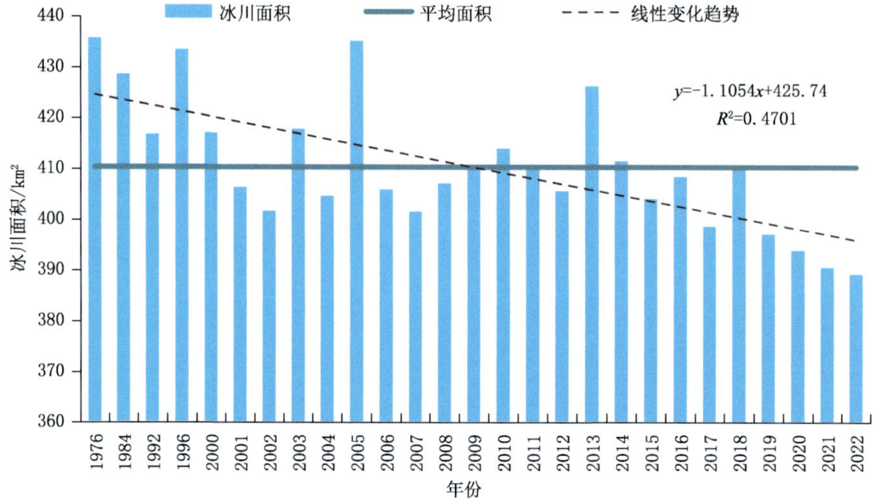

图 3.6 1976—2022 年普若岗日冰川面积变化

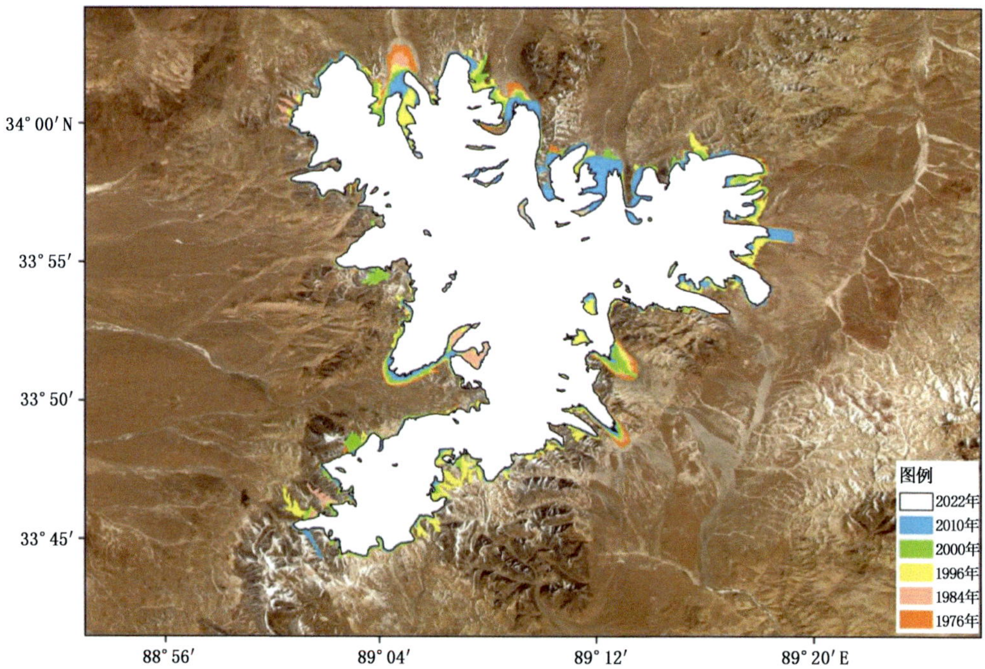

图 3.7 1976—2022 年普若岗日冰川空间变化

3.1.2 喜马拉雅山脉冰川分布

3.1.2.1 杰马央宗冰川及冰湖

杰马央宗冰川(又称切玛雍仲)介于东经 82°07′～82°14′和北纬 30°11′～30°15′之间，地处西藏日喀则市仲巴县和阿里地区普兰县交界处。发源于喜马拉雅山北麓的杰马央宗曲，是雅鲁藏布江的正源。据考察，杰马央宗地区有 116 km² 面积被冰川和永久积雪覆盖。地势高寒，海拔 5590 m，地形平坦，周围是险峻的高山，条条冰川横在山谷之间。刘晓尘等(2011)2010 年 10 月现场实测得到冰川长 8.2 km，面积 20.67 km²，垭口海拔 5750 m，末端海拔 5035 m。拉巴卓玛等(2020)分析认为，杰马央宗冰川末端高程抬升，长度缩减，冰川表现负物质平衡，末端冰川范围明显扩大，面积及库容量增加。

根据 1987 年、1992 年、1996 年、1998 年和 2000—2022 年多源卫星遥感数据分析(图 3.8，图 3.9)，杰马央宗冰川面积变化呈退缩趋势，平均面积为 19.18 km²，平均每 10 年减小 1.4 km²；冰川末端冰湖呈增大趋势，平均面积为 1.15 km²，平均每 10 年增加 0.23 km²。杰马央宗冰川面积在 2022 年达最低值(17.15 km²)，较 1987 年减小 4.08 km²，达 19.2%；冰川末端冰湖面积 2022 年为 1.31 km²，较 1987 年增加 0.59 km²，达 82%。

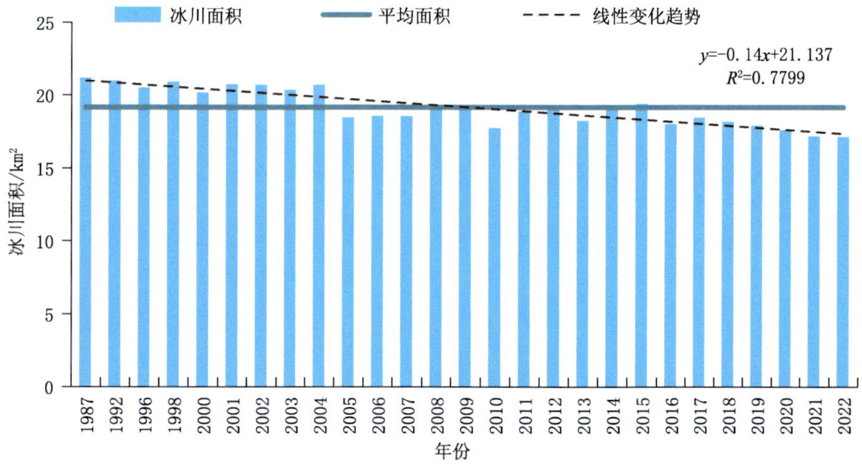

图 3.8 1987—2022 年杰马央宗冰川面积变化

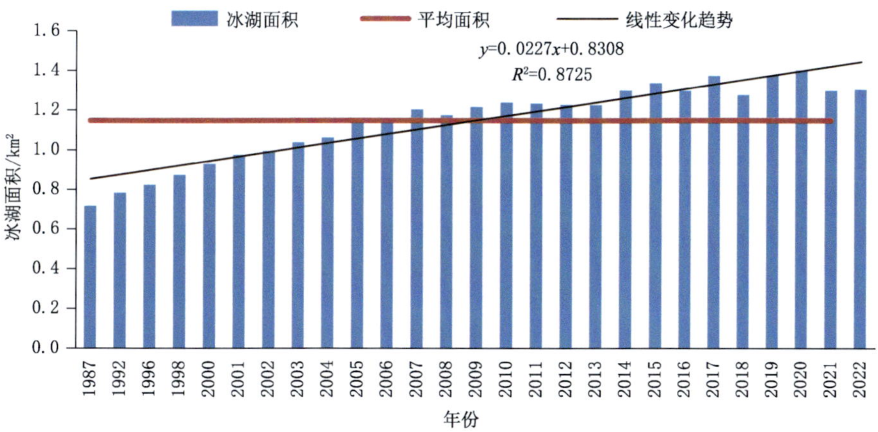

图 3.9 1987—2022 年杰马央宗冰湖面积变化

从 1987—2022 年杰马央宗冰川及末端冰湖空间变化来看(图 3.10，图 3.11)，冰川退缩及冰湖扩张较明显的区域均分布在冰舌处。

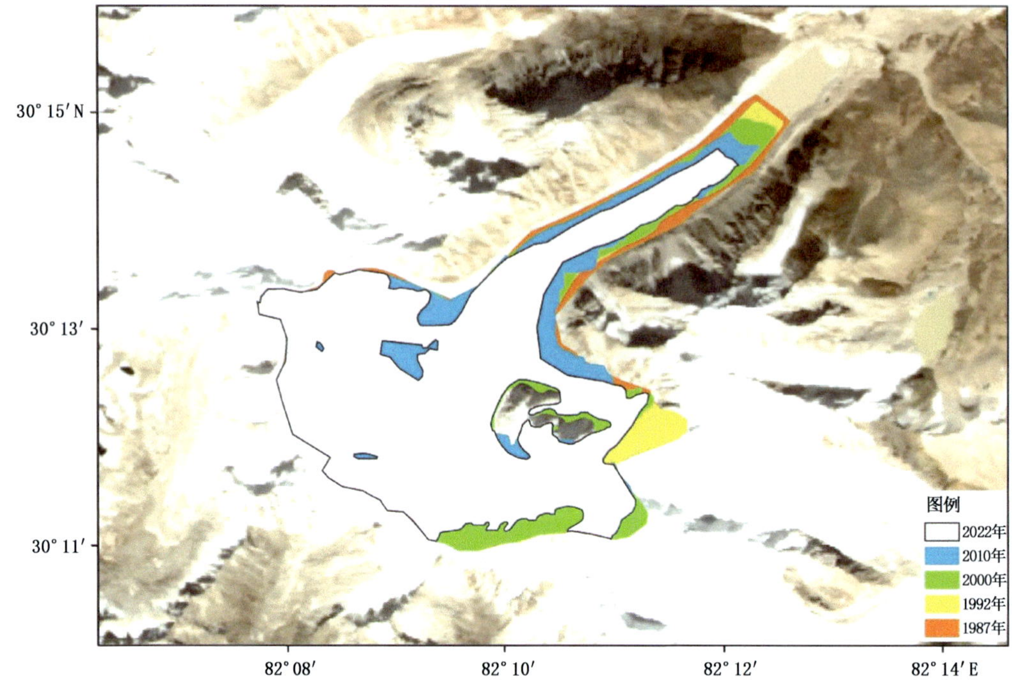

图 3.10　1987—2022 年杰马央宗冰川空间变化

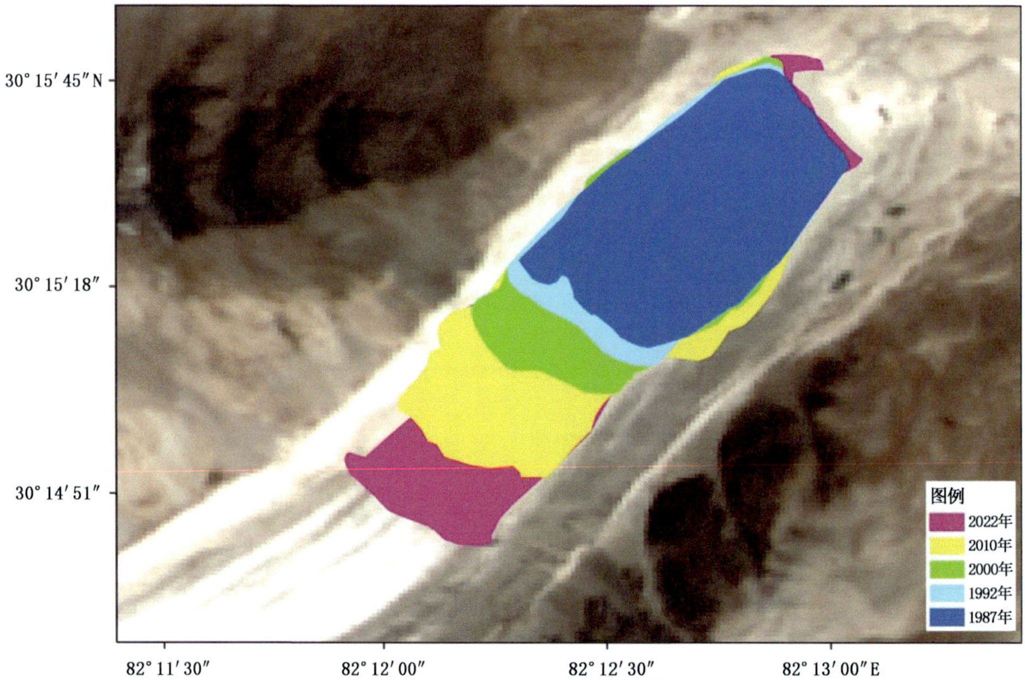

图 3.11　1987—2022 年杰马央宗冰湖空间变化

3.1.2.2　冲巴雍曲流域冰川

冲巴雍曲是年楚河的支流，位于西藏自治区日喀则市康马县，发源于西藏自治区喜马拉雅山脉中段北麓冰川。该流域有13条冰川，5O251C0013冰川2022年面积为6.11 km²。该区域属高原温带半干旱季风气候区。干湿季分明，夏季雨水集中，温暖湿润，冬季干冷，日照充足，太阳辐射强烈，日温差大而年温差小，无霜期短。年日照时数3200 h左右，年无霜期110 d左右，年降水量300 mm左右。

根据1987年、1989年、1991年、1993年、1997年、2001年、2005年、2007年、2009年、2014年和2018—2022年多源卫星遥感数据分析(图3.12)，冲巴雍曲流域内冰川面积呈减小趋势，平均每10年减小约7.08 km²。

1987年冲巴雍曲流域冰川总面积为32.0 km²，2022年为20.90 km²，面积减小11.10 km²，达34.69%。

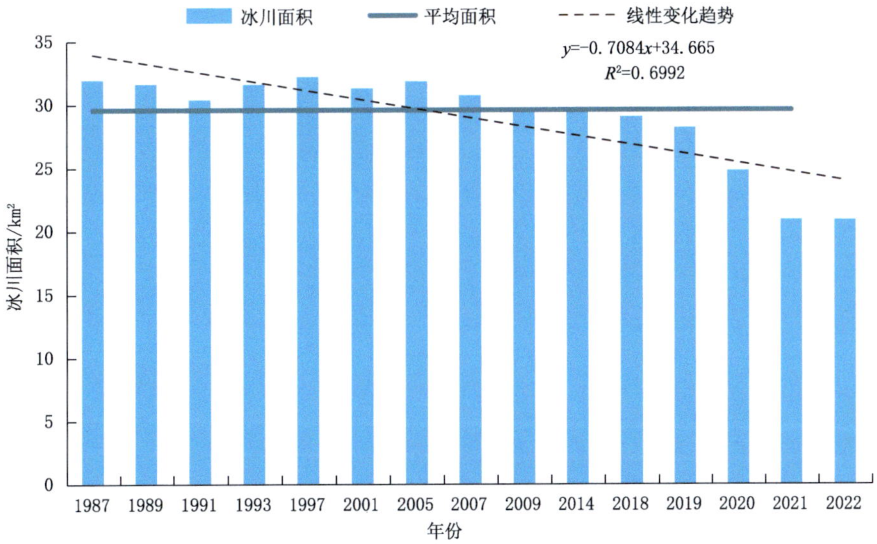

图3.12　1987—2022年冲巴雍曲流域冰川面积变化

从1987—2022年冲巴雍曲流域冰川空间变化来看(图3.13)，冰川退缩较大的区域主要在冰舌处位置。

3.1.2.3　枪勇冰川

枪勇冰川介于东经90°11′～90°20′和北纬28°47′～28°53′之间，地处西藏浪卡子县与江孜县交界处，位于卡若拉冰川南面，起源于藏南卡鲁雄峰，最高峰恰羊日康雪山海拔6498 m，共有冰川39条，枪勇冰川平均面积约为33.1 km²。

根据1987年、1990年、1994年、2000—2022年多源卫星遥感数据分析(图3.14)，枪勇冰川面积变化总体呈减小趋势，平均面积为32.92 km²，平均每10年减小4.16 km²。2022年冰川面积为28.65 km²，较1987年减小8.32 km²，达22.5%

从1987—2022年枪勇冰川空间变化来看(图3.15)，变化区域主要分布在冰舌处，冰舌处冰川面积退缩明显。

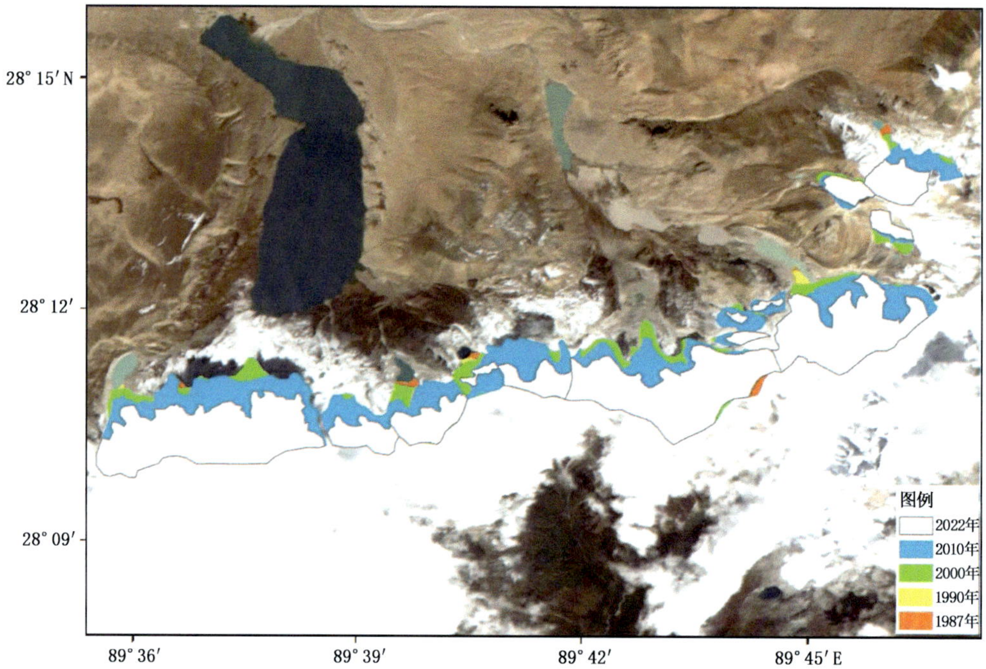

图 3.13　1987—2022 年冲巴雍曲流域冰川空间变化

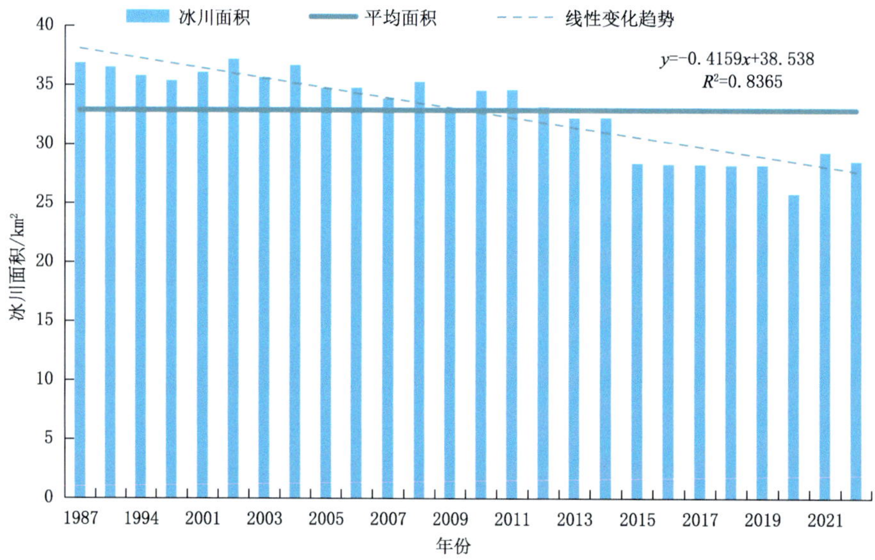

图 3.14　1987—2022 年枪勇冰川面积变化

3.1.2.4　卡若拉冰川

卡若拉冰川介于东经 90°08′～90°13′和北纬 28°54′～28°57′之间，地处西藏自治区山南市浪卡子县和日喀则市江孜县交界处，属大陆性冰川，平均海拔 5042 m，是近南北向展布的乃钦康桑峰的组成部分。冰川上部为一坡度较缓的冰帽，下部为两个呈悬冰川形式的冰舌，东冰舌

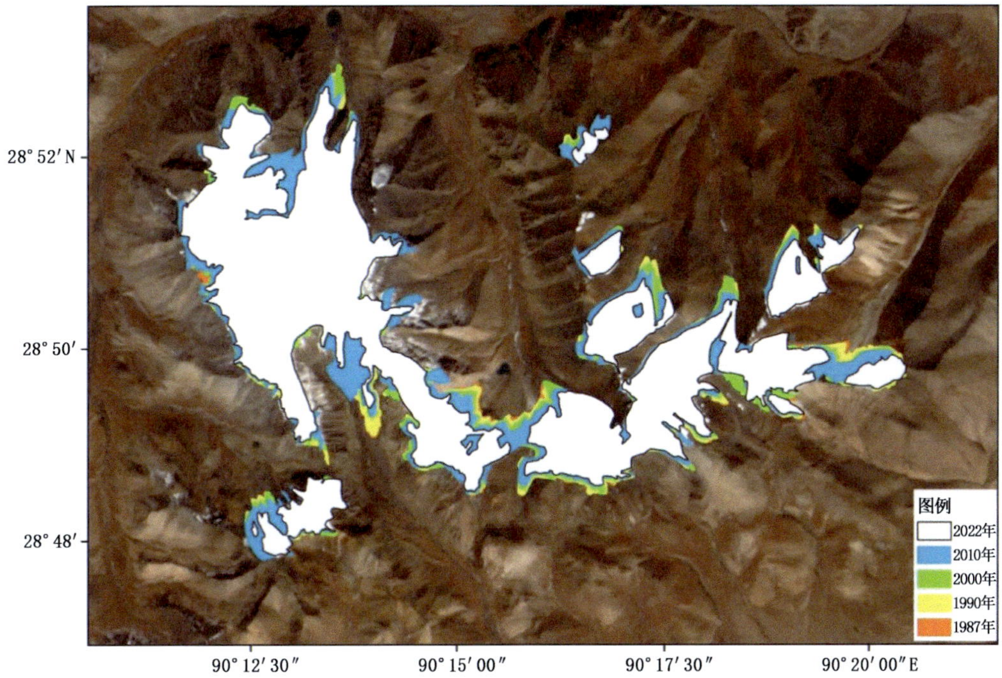

图 3.15　1987—2022 年枪勇冰川空间变化

长 3 km，宽750 m，西冰舌长 4.5 km，宽 1.5 km，崖壁上有清晰的冰川磨蚀痕迹。

根据 1972 年、1976 年、1978 年、1989 年和 1999—2022 年多源卫星遥感数据分析（图 3.16），卡若拉冰川面积变化整体呈减小趋势，平均面积为 9.13 km^2，平均每 10 年减小 0.07 km^2。2022 年冰川面积为 8.86 km^2，较 1972 年减小 0.57 km^2，达 6.05%。

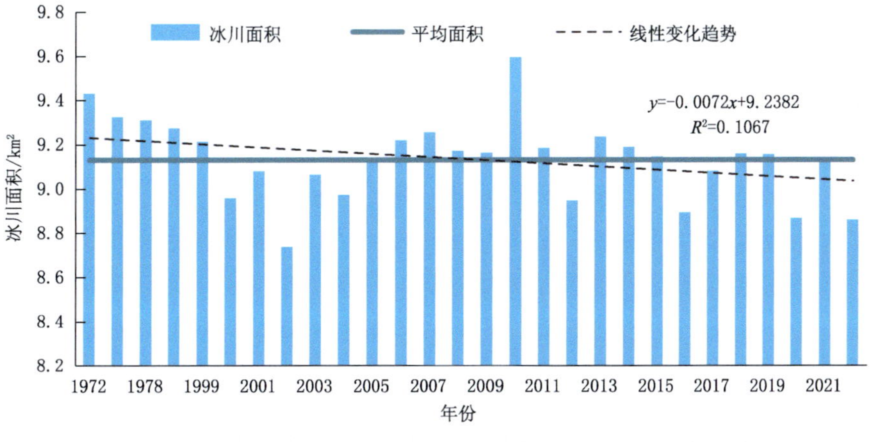

图 3.16　1972—2022 年卡若拉冰川面积变化

从 1972—2022 年卡若拉冰川空间变化来看（图 3.17），冰川末端有明显的消融现象，尤其以南部冰舌区域退缩尤为明显。

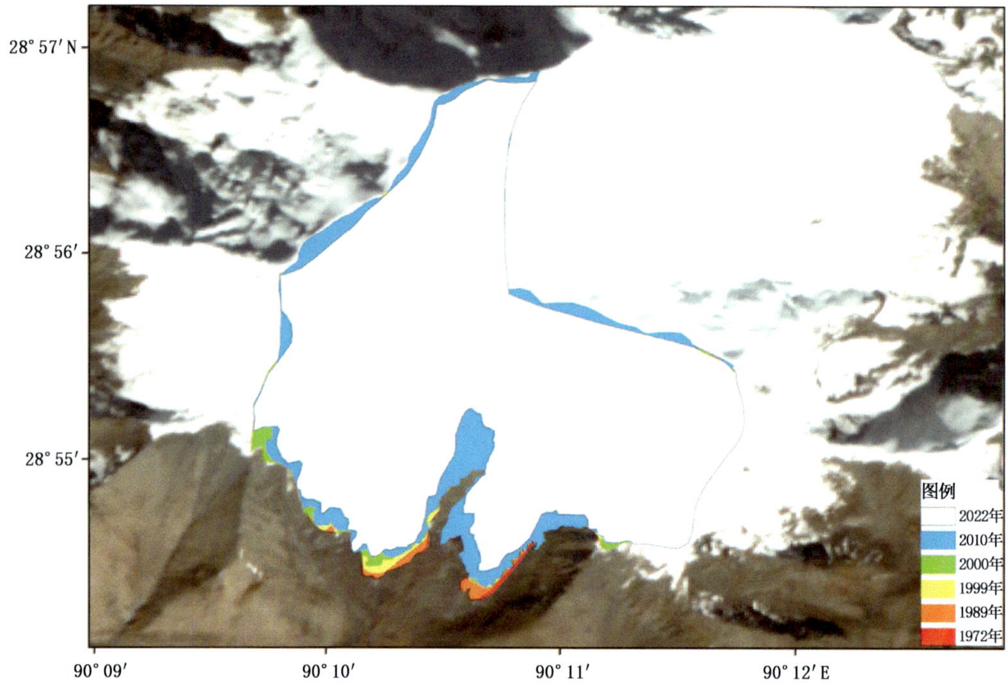

图 3.17　1972—2022 年卡若拉冰川空间变化

3.2　积雪

全球气候变暖大背景下，作为冰雪圈最为活跃和敏感因子，青藏高原积雪变化备受国内外关注。作为"世界第三极"，青藏高原地处北半球中纬度地区，平均海拔 4000 m 以上，是北半球中纬度海拔最高、积雪覆盖最大的地区，成为仅次于南、北两极的全球冰雪圈所在地（Yao et al.，2012；Zhang et al.，1998；Fujita，2008；Wagnon et al.，2007）。青藏高原、蒙古高原、欧洲阿尔卑斯山脉及北美中西部是北半球积雪分布关键区，其中，青藏高原是北半球积雪异常变化最强烈的区域（李栋梁 等，2011）。

姚檀栋等（2013）分析认为，过去 50 年，青藏高原积雪面积总体呈减少趋势，但 20 世纪 80—90 年代略有增加。车涛等（2019）分析认为，1980—2018 年青藏高原积雪呈下降趋势，尤其在 2000 年以后积雪覆盖日数和雪深明显下降。除多（2018）分析认为，2000—2014 年西藏高原积雪面积呈微弱减少态势，其中，秋、冬两季积雪面积略显上升趋势，春季略有减少，夏季减少趋势显著。

王叶堂等（2007）发现，青藏高原积雪面积总体上表现出冬春季减少，夏秋季增加的趋势。年平均积雪深度在 20 世纪 90 年代中期以前为上升趋势，20 世纪 90 年代中后期开始由持续增长转为下降（韦志刚 等，2002；马丽娟 等 2012）；白淑英等（2014）通过对被动微波遥感反演的雪深数据分析发现，1979—2010 年青藏高原雪深呈显著增加趋势，且以冬季增加最为明显。积雪日数在 20 世纪 60 年代至 90 年代中后期是增加的，之后迅速减少（徐丽娇 等，2010）；近 30 年（1981—2010 年）出现了非常显著的减少趋势，其中，冬季减幅最为明显，其次是春季（除

多 等,2015)。

西藏积雪主要集中在东部念青唐古拉山脉、南部喜马拉雅山脉等高山区,而在广大的藏北高原、雅鲁藏布江中上游河谷地区和东部三江流域积雪覆盖较少,积雪覆盖率低于20%。西藏积雪是以季节性积雪为主,且主要发生在冬春季节,常年积雪仅占全区总面积的1%(图3.1)。

3.2.1 积雪日数

积雪监测表明,近42年(1981—2022年)西藏平均年积雪日数呈明显减少趋势(图3.18a),平均每10年减少4.99 d($P<0.01$)。其中,藏北地区减少幅度较为明显(图3.18b),为−9.88 d/10a($P<0.01$);南部边缘地区也趋于减少(图3.18c),为−9.86 d/10a($P<0.01$)。西藏20世纪80年代至90年代中后期积雪日数偏多,之后至2022年处于偏少期。

2022年,西藏平均年积雪日数为11.9 d,比常年值(29.0 d)偏少17.1 d,是1981年以来的第二个偏少年份。其中,藏北地区平均年积雪日数为13.7 d,比常年值(51.3 d)偏少37.6 d,是1981年以来的最少年份;南部边缘地区平均年积雪日数为42.3 d,比常年值(77.0 d)偏少34.7 d,为1981年以来的第五个偏少年份。

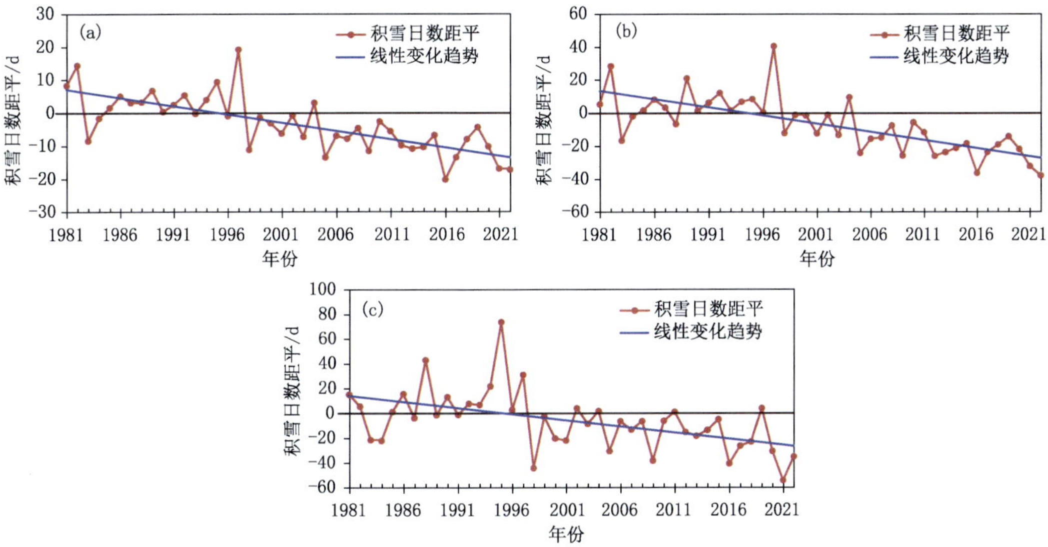

图3.18 1981—2022年西藏平均年积雪日数距平变化

(a)全区,(b)藏北地区,(c)南部边缘地区

从1981—2022年西藏年积雪日数变化趋势空间分布来看(图3.19),全区各站年积雪日数均呈减少趋势,平均每10年减少0.14~17.66 d(27个站$P<0.05$),减幅以嘉黎最大($P<0.01$),其次是丁青,为−14.98 d/10a($P<0.01$),隆子最小。其中,那曲市大部、错那、丁青平均每10年减少10.0 d以上。

3.2.2 最大积雪深度

1981—2022年西藏平均年最大积雪深度呈减小趋势(图3.20a),平均每10年减小0.47 cm。其中,藏北地区减小趋势相对较大(图3.20b),为−0.93 cm/10a($P<0.01$);南部边缘地区减幅相对较小(图3.20c),为−0.42 cm/10a。

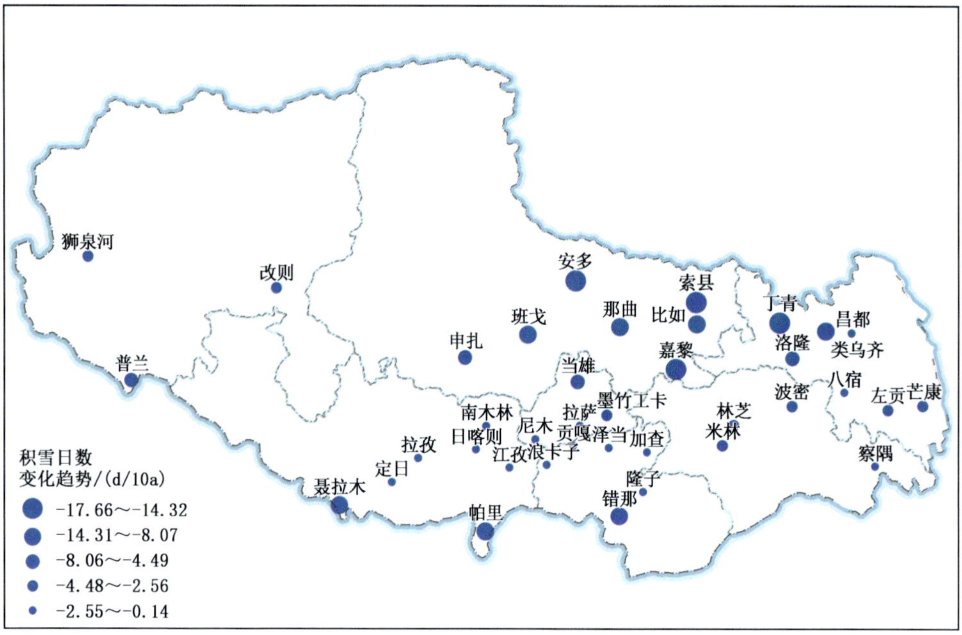

图 3.19　1981—2022 年西藏年积雪日数变化趋势空间分布

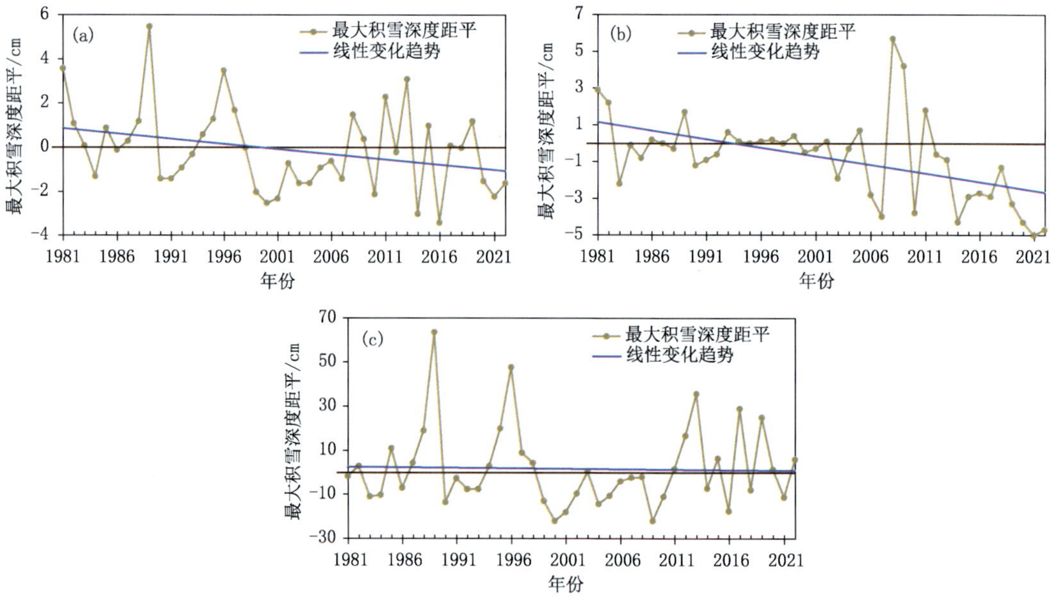

图 3.20　1981—2022 年西藏平均年最大积雪深度距平变化

(a)全区,(b)藏北地区,(c)南部边缘地区

2022 年,西藏年最大积雪深度为 6.5 cm,较常年值(8.1 cm)偏浅 1.6 cm。其中,藏北地区年最大积雪深度为 3.9 cm,较常年值(8.6 cm)偏浅 4.7 cm,为 1981 年以来的第二个偏浅年份;南部边缘地区年最大积雪深度为 41.3 cm,较常年值(35.2 cm)偏深 6.1 cm。

从 1981—2022 年西藏年最大积雪深度变化趋势空间分布来看(图 3.21),近 42 年西藏年最大积雪深度趋于增加的地区分布在阿里地区南部、日喀则市大部、山南市南部以及泽当、左贡，平均每 10 年增加 0.02～1.56 cm，以错那最大，其次是日喀则（0.84 cm/10a，$P<0.01$），左贡最小。其他各站年最大积雪深度均呈减小趋势，为－0.04～－2.05 cm/10a，其中聂拉木减幅最大，嘉黎次之（－2.03 cm/10a，$P<0.05$），墨竹工卡减幅最小。

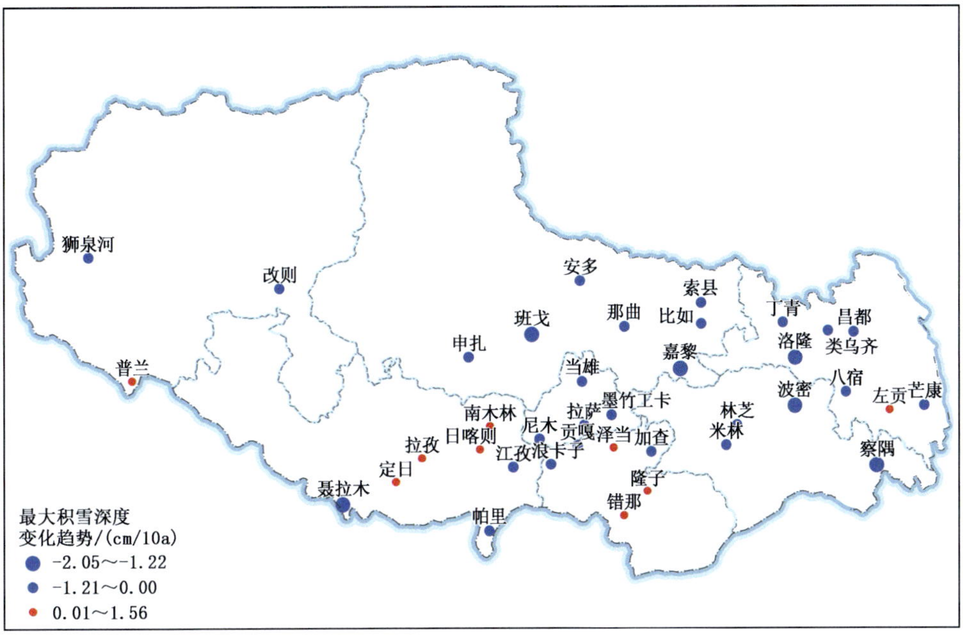

图 3.21　1981—2022 年西藏年最大积雪深度变化趋势空间分布

3.2.3　积雪面积

利用 2001—2022 年美国冰雪研究中心制作的 MODIS/EOS 8d 合成卫星积雪产品（MOD10A2）对西藏积雪面积变化进行分析，结果发现，西藏每年积雪面积都在 15 万 km² 以上，年平均积雪面积约为 22 万 km²。总体来看，近 22 年积雪面积呈增加趋势（图 3.22）。2019 年是 2001 年以来西藏积雪面积最多的年份，2010 年积雪面积最少。

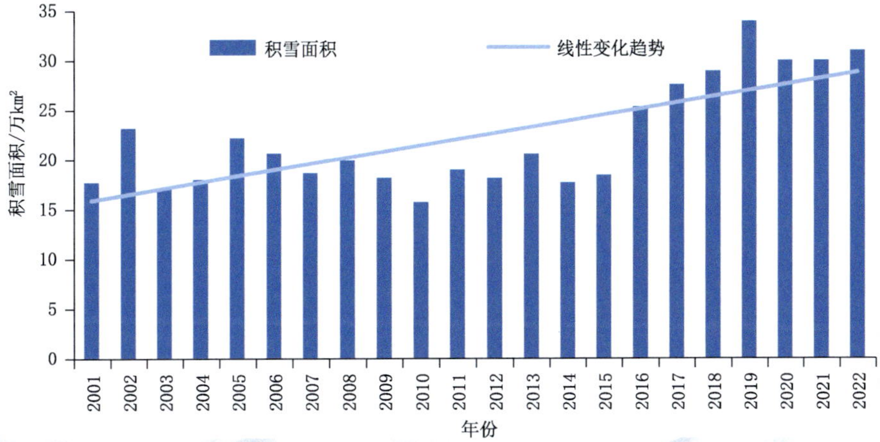

图 3.22　2001—2022 年西藏积雪面积变化

从 2001—2022 年西藏四季积雪面积变化趋势来看(图 3.23),春、夏、秋、冬积雪面积都表现为增加趋势,平均每 10 年增幅分别为 6.83 km²、4.87 km²、3.32 km² 和 7.68 km²。冬、春积雪面积增加趋势尤为突出。春季最高值出现在 2020 年,夏季出现在 2017 年,秋、冬季均出现在 2022 年。

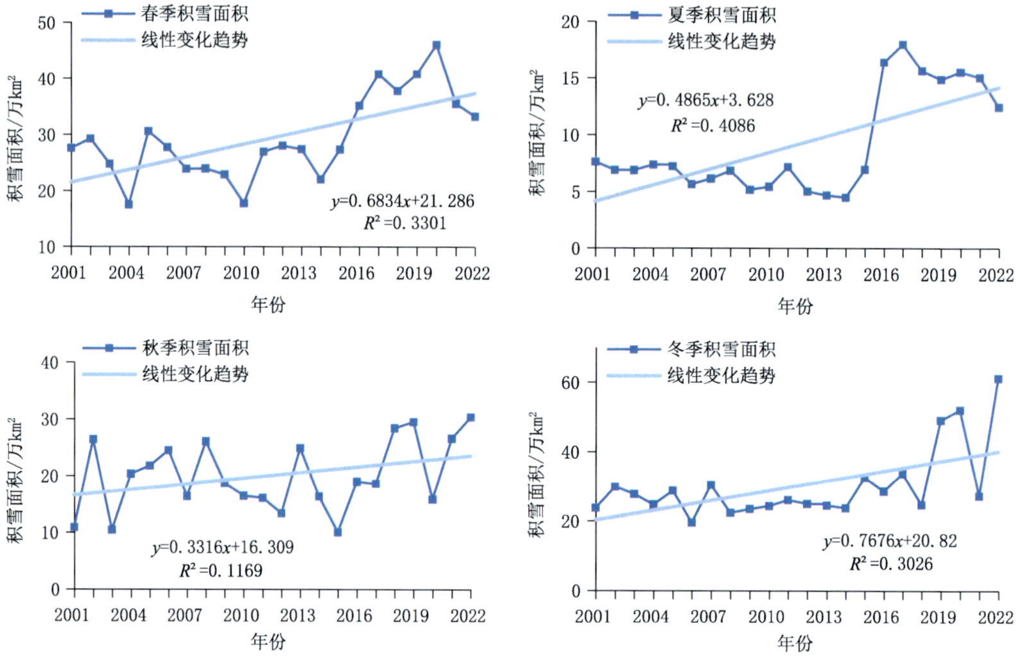

图 3.23　2001—2022 年西藏四季积雪面积变化

3.2.4　积雪覆盖率

从 2022 年西藏积雪覆盖率变化趋势空间分布来看(图 3.24),总体与多年积雪时空变化相吻合。其中,积雪覆盖率高于 50%以上的地区分布在喜马拉雅山脉、冈底斯山脉之间的河谷地带、昆仑山脉、念青唐古拉山脉和藏东南地区,占西藏总面积为 28.6%。积雪覆盖率 0~10%占西藏总面积的 23.9%,主要集中分布在中西部偏西南区域。

从 2022 年西藏四季积雪覆盖率变化趋势空间分布来看(图 3.25),春、夏、秋、冬积雪覆盖率 50%~100%分别占西藏总面积的 28%、7%、33%和 68%。春季和冬季积雪覆盖程度范围较大,夏季以常年积雪为主。积雪分布趋势与近 20 年春、夏、秋积雪覆盖空间分布基本一致,但冬季积雪覆盖空间明显增多。

3.3　冻土

作为全球最主要的高海拔冻土区,青藏高原现存多年冻土面积约为 126 万 km²,约占高原总面积的 56%。其中,高原型冻土作为主体主要发育在青藏高原腹地,而高山型冻土主要发育在其周边的山地,如喜马拉雅山、祁连山、横断山、昆仑山等。近几十年气候变暖是冻土退化的基础因素,人为活动在局部加速了冻土退化。高原冻土在 1976—1985 年基本处于相对稳定

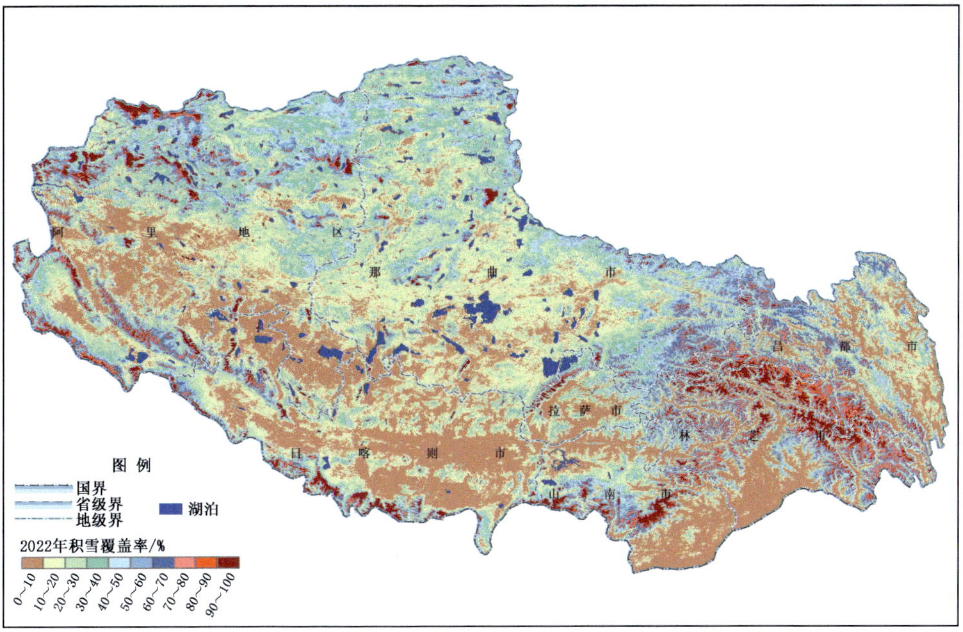

图 3.24 2022 年西藏积雪覆盖率变化趋势空间分布

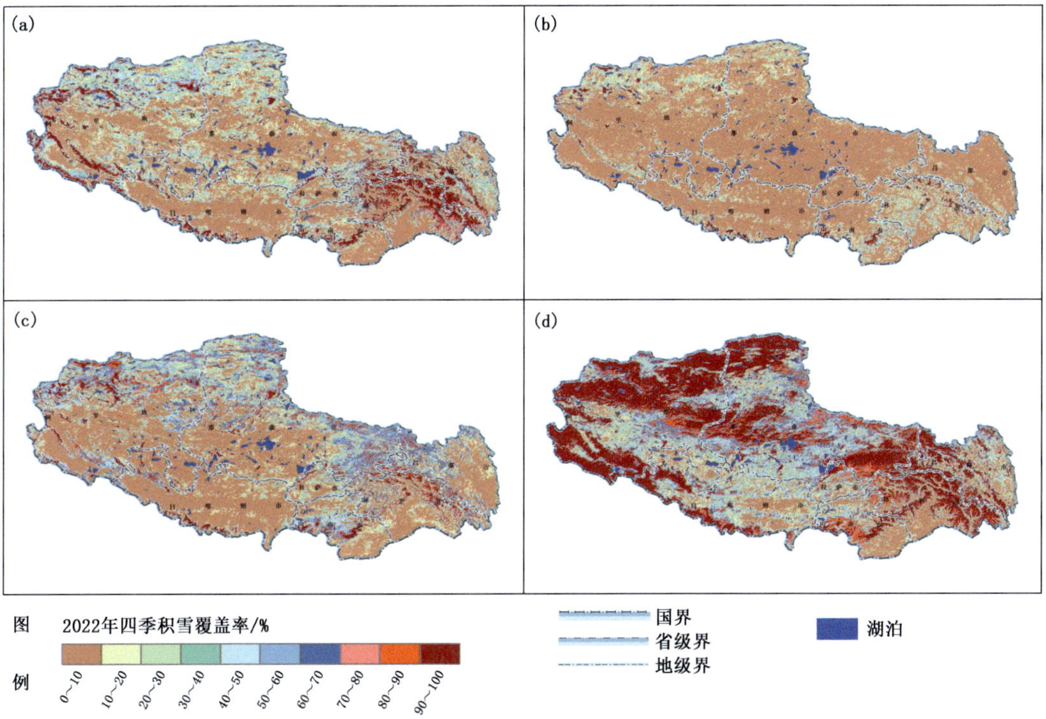

图 3.25 2022 年西藏四季积雪覆盖率变化趋势空间分布

(a)春季,(b)夏季,(c)秋季,(d)冬季状态，1986—1995 年逐渐向区域性退化趋势发展，1996 年至今已演变为加速退化阶段，推测未来几十年内冻土退化仍会保持或加速(程国栋 等，2013)。《中国气候变化蓝皮书(2023)》(巢清尘 等，2023)显示：青藏公路沿线多年冻土退化趋势明显。

3.3.1 最大冻土深度

根据西藏 16 个气象观测站冻土监测记录表明，1961 年以来西藏季节性最大冻土深度呈持续减小趋势，不同海拔地区减小特征趋同存异。其中，海拔 4500 m 以上地区平均最大冻土深度减小趋势最为明显，平均每 10 年减小 16.07 cm($P<0.01$，图 3.26a)；海拔 3200～4500 m 地区平均最大冻土深度趋于减小，为－4.40 cm/10a($P<0.01$，图 3.26b)；海拔 3200 m 以下地区呈弱的减小趋势(－0.16 cm/10a，图 3.26c)。近 32 年(1991—2022 年)各海拔高度上平均最大冻土深度减幅更大，分别为－29.59 cm/10a($P<0.01$)、－5.05 cm/10a($P<0.01$)和－1.27 cm/10a($P<0.01$)。

2022 年，海拔 4500 m 以上地区平均最大冻土深度为 219 cm，较常年值减小 26 cm；海拔 3200～4500 m 地区平均最大冻土深度为 47 cm，较常年值减小 2 cm；海拔 3200 m 以下地区平均最大冻土深度为 11 cm，较常年值偏深 1 cm。

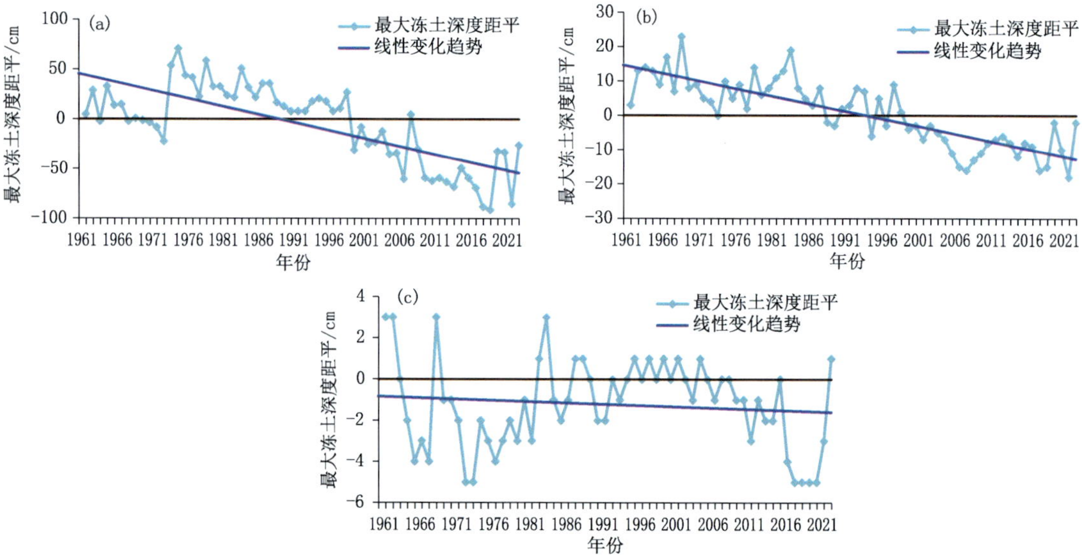

图 3.26 1961—2022 年西藏海拔 4500 m 以上(a)、海拔 3200～4500 m(b)和海拔 3200 m 以下(c)地区平均最大冻土深度距平变化

从 1961—2022 年西藏最大冻土深度变化趋势空间分布来看(图 3.27)，近 62 年最大冻土深度仅在林芝趋于增加，为 0.52 cm/10a($P<0.01$)；其余各站均呈变浅趋势，平均每 10 年变浅 0.09～31.55 cm(除拉萨外，其余各站 $P<0.01$)，其中安多减幅最大，其次是那曲，为－20.69 cm/10a，拉萨减幅最小。近 32 年(1991—2022 年)拉萨、泽当和丁青最大冻土深度趋于增加态势，为 0.82～2.73 cm/10a(拉萨最大，泽当最小)；其他各站为减小趋势，平均每 10 年变浅 0.67～39.22 cm(8 个站 $P<0.01$)，以安多减幅最大($P<0.01$)，林芝也趋于减小，为－2.08 cm/10a($P<0.01$)。

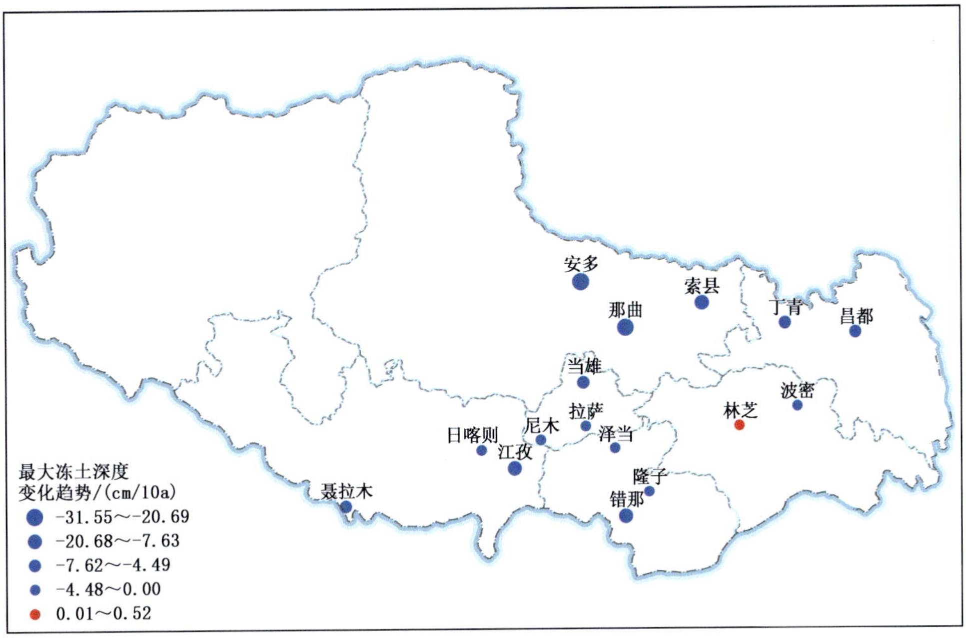

图 3.27 1961—2022 年西藏最大冻土深度变化趋势空间分布

3.3.2 土壤冻结开始日期和终止日期

高荣等(2003)认为，20 世纪 80 年代青藏高原土壤冻结偏早，解冻偏晚，冻结日数偏多；而 90 年代正好相反，冻结偏晚，解冻偏早，冻结日数偏少。土壤冻结开始日期呈偏晚趋势，土壤冻结终止日期呈偏早趋势，土壤冻结总体呈退化趋势。

3.3.2.1 土壤冻结开始日期

根据西藏 16 个气象观测站冻土监测记录表明，近 52 年(1971—2022 年)土壤冻结开始日期在各海拔高度上均呈推迟趋势。其中海拔 4500 m 以上地区推迟最为明显，平均每 10 年推迟 5.51 d(图 3.28a，$P<0.01$)；海拔 3200～4500 m 地区平均每 10 年推迟 2.88 d(图 3.28b，$P<0.01$)；海拔 3200 m 以下地区平均每 10 年推迟 0.7 d(图 3.28c)。近 32 年(1991—2022 年)各海拔高度上土壤冻结开始日期都呈偏晚趋势，为 5.95～9.97 d/10a，以海拔 4500 m 以上地区偏晚最明显($P<0.01$)。

2022 年，海拔 4500 m 以上地区土壤冻结开始日期为 10 月 31 日，较常年值偏晚 17 d；海拔 3200～4500 m 地区土壤冻结开始日期为 10 月 31 日，较常年值偏晚 5 d；海拔 3200 m 以下土壤冻结开始日期为 12 月 10 日，较常年值偏晚 20 d，为 1971 年以来的第四个偏晚年份。

从 1971—2022 年西藏土壤冻结开始日期变化趋势空间分布来看(图 3.29)，近 52 年当雄、林芝 2 个站土壤冻结开始日期趋于偏早，平均每 10 年分别偏早 3.12 d、2.88 d；其余各站土壤冻结开始日期均呈推迟趋势，平均每 10 年推迟 1.30～5.62 d(11 个站 $P<0.05$)，其中聂拉木偏晚最多($P<0.01$)，拉萨次之，为 5.60 d/10a($P<0.01$)。

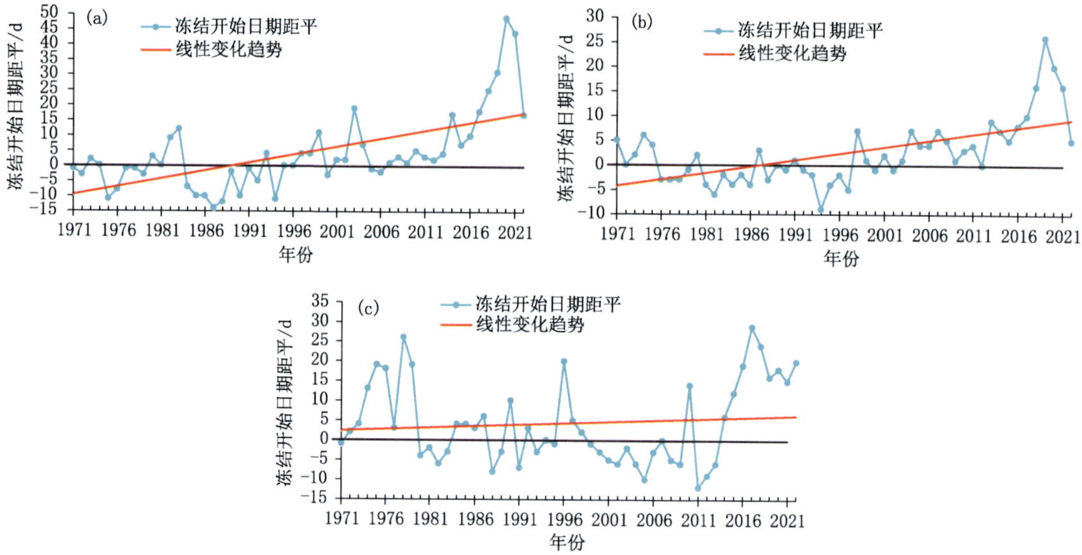

图 3.28 1971—2022 年西藏海拔 4500 m 以上(a)、海拔 3200～4500 m(b)和海拔 3200 m 以下(c)地区土壤冻结开始日期距平变化

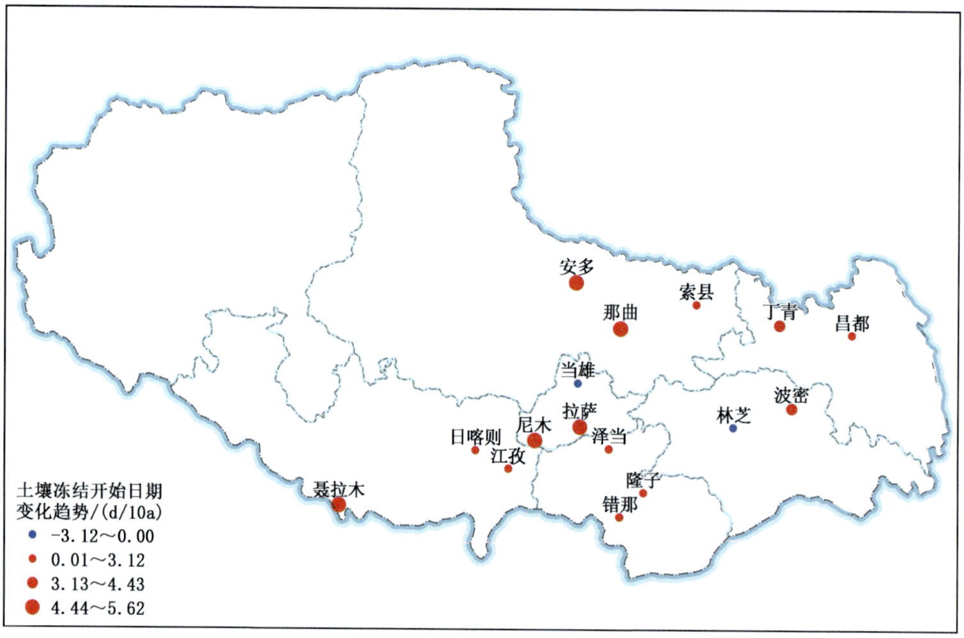

图 3.29 1971—2022 年西藏土壤冻结开始日期变化趋势空间分布

3.3.2.2 土壤冻结终止日期

分析 1971—2022 年西藏 16 个气象观测站土壤冻结终止日期变化趋势，结果表明，各海拔高度上土壤冻结终止日期均呈提早趋势。其中，海拔 4500 m 以上地区偏早最为明显(图 3.30a)，平均每 10 年提早 6.93 d($P<0.01$)，海拔 3200～4500 m 地区平均每 10 年提早5.66 d

(图 3.30b，$P<0.01$)；海拔 3200 m 以下地区平均每 10 年提早 2.56 d(图 3.30c)，尤其近 32 年(1991—2022 年)海拔 3200 m 以下地区土壤冻结终止日期明显偏早，平均每 10 年提早 5.78 d($P<0.01$)。

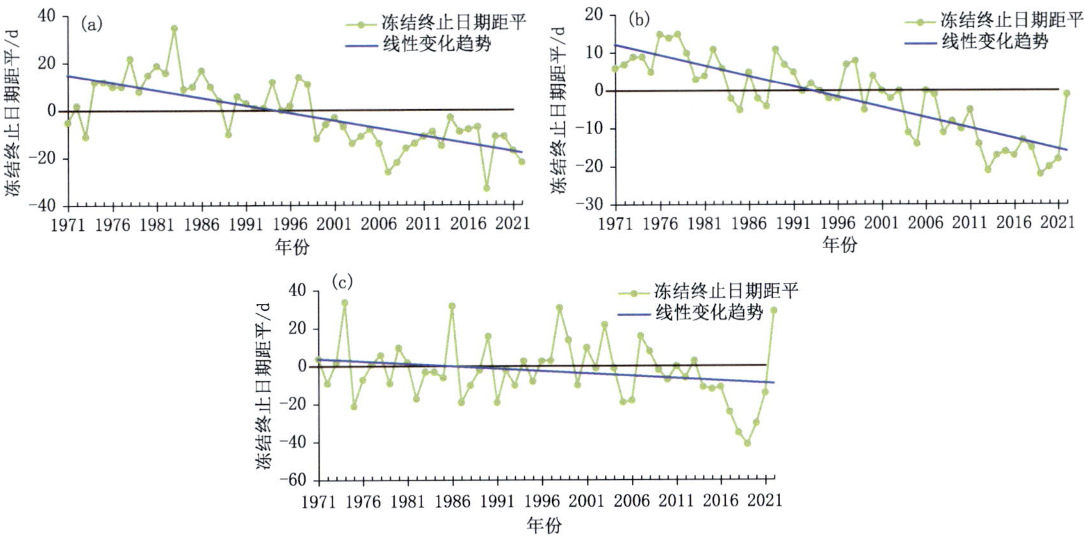

图 3.30　1971—2022 年西藏海拔 4500 m 以上(a)、海拔 3200～4500 m(b)和海拔 3200 m 以下(c)地区土壤冻结终止日期距平变化

2022 年，海拔 4500 m 以上地区土壤冻结终止日期为 5 月 9 日，较常年值偏早 22 d，为 1971 年以来的第四个偏早年份；海拔 3200～4500 m 地区土壤冻结终止日期为 4 月 7 日，较常年值偏早 1 d；海拔 3200 m 以下地区土壤冻结终止日期为 3 月 31 日，较常年值偏迟 29 d，为 1971 年以来的第四个偏迟年份。

从 1971—2022 年西藏土壤冻结终止日期变化趋势空间分布来看(图 3.31)，近 52 年仅林芝土壤冻结终止日期趋于偏晚，平均每 10 年偏晚 0.62 d；其余各站土壤冻结终止日期均呈提早趋势，平均每 10 年提早 1.46～10.43 d(13 个站 $P<0.05$)，其中拉萨偏早最多($P<0.01$)，安多次之(−10.22 d/10a，$P<0.01$)，当雄偏早最少。近 32 年(1991—2022 年)除错那土壤冻结终止日期推迟外(0.5 d/10a)，其他各站都表现为偏早的年际变化特征，为−1.20～−14.74 d/10a，以江孜土壤冻结终止日期偏早最明显($P<0.01$)；其次是尼木，为−11.45 d/10a($P<0.01$)。

3.3.3　土壤冻结期

根据西藏 16 个气象观测站冻土监测记录表明，近 52 年(1971—2022 年)，海拔 4500 m 以上地区土壤冻结期缩短趋势最为明显，平均每 10 年缩短 12.14 d($P<0.01$，图 3.32a)；海拔 3200～4500 m 地区土壤冻结期平均每 10 年缩短 8.33 d($P<0.01$，图 3.32b)；海拔 3200 m 以下地区土壤冻结期呈不明显的缩短趋势(2.99 d/10a，图 3.32c)。近 32 年(1991—2022 年)各海拔地区土壤冻结期缩短趋势更明显，分别为−17.84 d/10a($P<0.01$)、−13.32 d/10a($P<0.01$)和−10.84 d/10a($P<0.05$)。

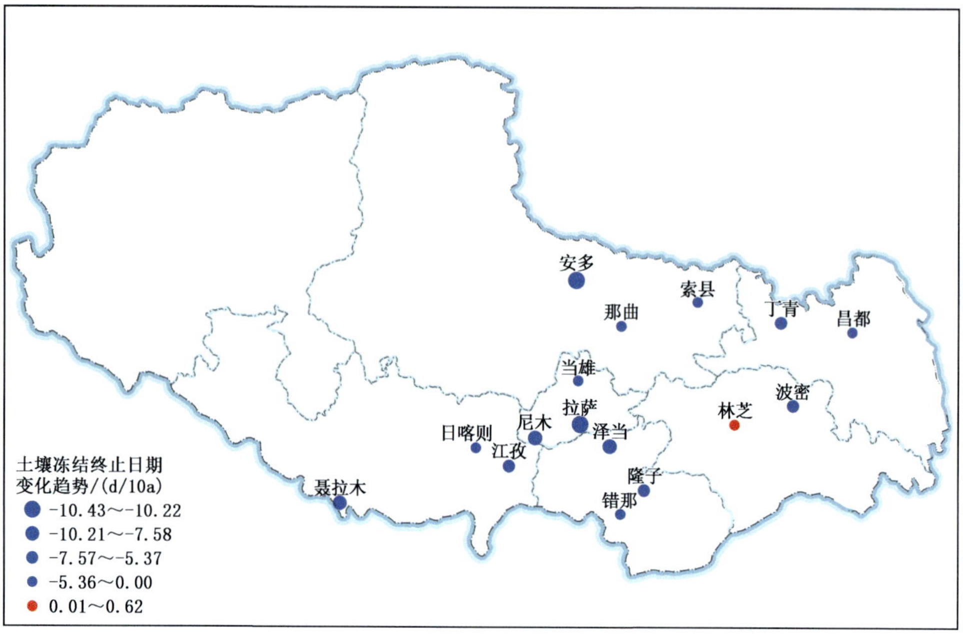

图 3.31　1971—2022 年西藏土壤冻结终止日期变化趋势空间分布

2022 年，海拔 4500 m 以上地区平均土壤冻结期为 164 d，较常年值缩短 66 d，是 1971 年以来的最短年份；海拔 3200～4500 m 地区平均土壤冻结期为 147 d，较常年值缩短 17 d；海拔 3200 m 以下地区平均土壤冻结期为 116 d，较常年值延长 13 d。

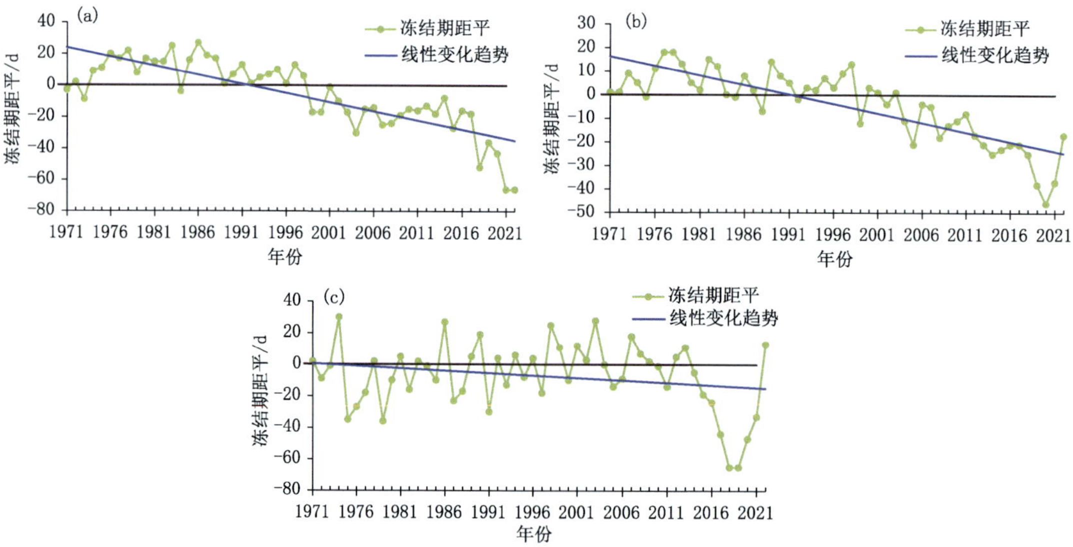

图 3.32　1971—2022 年西藏海拔 4500 m 以上(a)、海拔 3200～4500 m(b)和海拔 3200 m 以下(c)地区土壤冻结期距平变化

从 1971—2022 年西藏土壤冻结期变化趋势空间分布来看(图 3.33)，近 52 年土壤冻结期只在林芝、当雄 2 个站呈延长趋势，平均每 10 年分别延长 3.57 d、1.30 d；其他各站均表现为

缩短趋势，平均每 10 年缩短 4.18～15.85 d（13 个站 $P<0.05$），其中安多缩短最多（$P<0.01$），其次是拉萨，为−15.21 d/10a（$P<0.01$），索县缩短最少；特别是近 32 年（1991—2022 年）安多土壤冻结期缩短得更为明显，为−22.58 d/10a（$P<0.01$）。

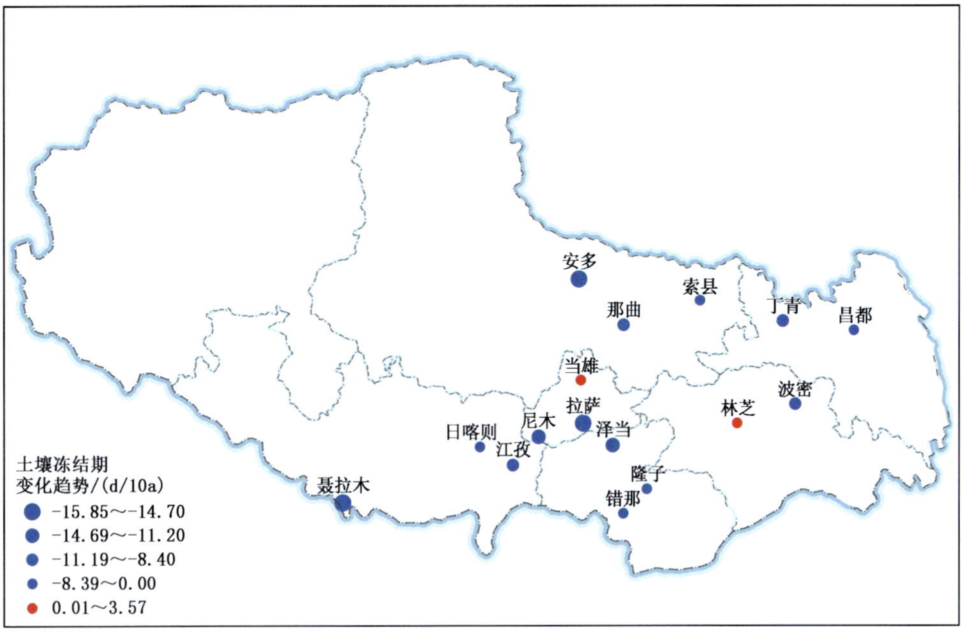

图 3.33　1971—2022 年西藏土壤冻结期变化趋势空间分布

第 4 章　西藏自治区陆面生态的变化

气候变化对陆地生态系统的影响及其反馈是当前全球变化研究的重要内容，青藏高原是全球气候变化的敏感区和启动区（姚檀栋 等，2000），气候变化的微小波动都会对高原陆地生态系统产生强烈响应（Klein et al.，2004）。本章从西藏自治区地表温度、湖泊面积、陆地植被，以及区域生态气候的监测出发，揭示了诸多生态建设的结果，为西藏高原生态文明建设提供科技支撑。总体来看，1961—2022 年西藏大部分湖泊面积呈扩张趋势，生态系统趋好是环境变化的主要特征。

4.1　地表温度

根据监测显示，近 42 年（1981—2022 年）西藏年平均地表温度呈显著上升趋势，升幅为 0.46 ℃/10a。2022 年，西藏年平均地表温度为 10.1 ℃，与常年同期相比，八宿、南木林、普兰分别偏低 2.5 ℃、1.4 ℃、1.1 ℃；察隅正常；其余各站偏高 0.7～2.6 ℃，其中狮泉河、日喀则、泽当、拉萨偏高 2.5 ℃以上（图 4.1）。

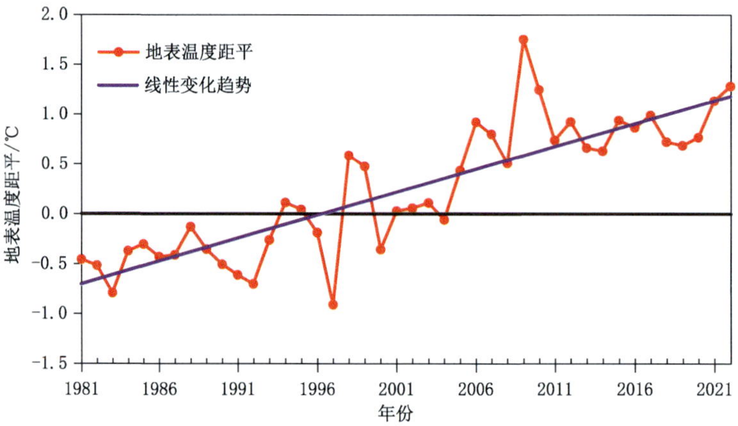

图 4.1　1981—2022 年西藏年平均地表温度距平变化

从 1981—2022 年西藏年平均地表温度变化趋势空间分布来看（图 4.2），南木林和八宿呈下降趋势，分别为−0.27 ℃/10a、−0.08 ℃/10a；其他各站均呈升高趋势，平均每 10 年升高 0.05～0.91 ℃（32 个站 $P<0.01$），以狮泉河最大（0.91 ℃/10a，$P<0.01$），其次是班戈（0.76 ℃/10a，$P<0.01$）。全区有 13 个站的升温率达 0.60 ℃/10a，主要分布在阿里地区东西部、山南市南部、昌都市西北部、拉萨、那曲、班戈等地。

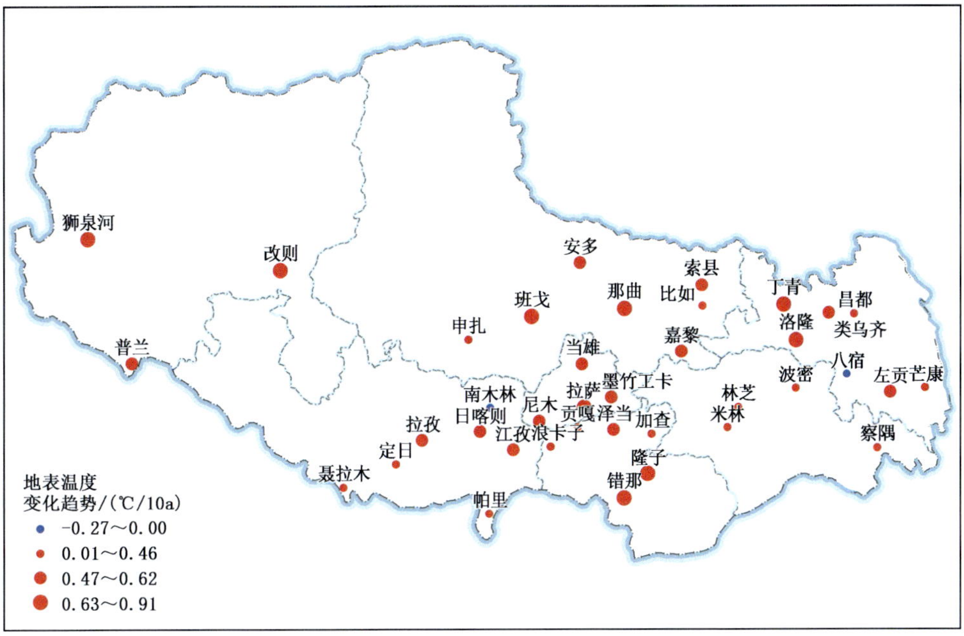

图 4.2　1981—2022 年西藏年平均地表温度变化趋势空间分布

4.2　湖泊

青藏高原是地球上海拔最高、数量最多、湖面面积最大的高原湖群区，也是我国湖泊分布密度最大，且与东部平原湖区遥相呼应的两大稠密湖群区之一。从空间分布来看，拥有面积 1 km^2 以上湖泊数量最多和最大的是青藏高原湖区，湖泊数量为 1055 个，面积为 41831.7 km^2，分别占全国湖泊总数量和总面积的 39.2％和 51.4％(马荣华，等，2011)。青藏高原上有青海湖、纳木错、色林错、扎日南木错、当惹雍错、羊卓雍错、玛旁雍错、然乌湖、鄂陵湖、扎陵湖、昂拉仁错以及班公错等著名大湖(王苏民 等，1998)。半个世纪以来，伴随着全球气候变暖及其影响下的冰川消融、冻土退化，青藏高原地区的湖泊因补给条件差异而分别表现出扩张、萎缩、稳定三种状态，整体上以扩张趋势为主(边多 等，2021b；闫立娟 等，2016；白玛央宗 等，2020；拉巴卓玛 等，2017；德吉央宗 等，2014；王君波 等，2010；曾林 等，2021)，其中，1991—2010 年是湖泊扩张最显著的时期(董斯扬 等，2014)。

西藏高原湖泊分布不均，呈内流区多、外流区少，内陆湖多、排水湖少，咸水湖多、淡水湖少的特点；境内大小湖泊有 1500 多个，湖泊总面积为 24183 km^2，约占全国湖泊总面积的 1/3；按照面积统计，西藏湖泊中有 97.9％属内陆湖(图 4.3)。

4.2.1　藏西北湖泊分布

4.2.1.1　班公错

班公错(又称错木昂拉仁波湖)介于东经 78°42′～79°59′和北纬 33°26′～33°46′之间。班公错大约有 4/5 的长度和面积位于我国西藏阿里地区日土县，剩下的 1/5 在克什米尔地区。班公错湖面海拔 4240 m，从东到西绵延 155 km，是我国最长的湖泊。

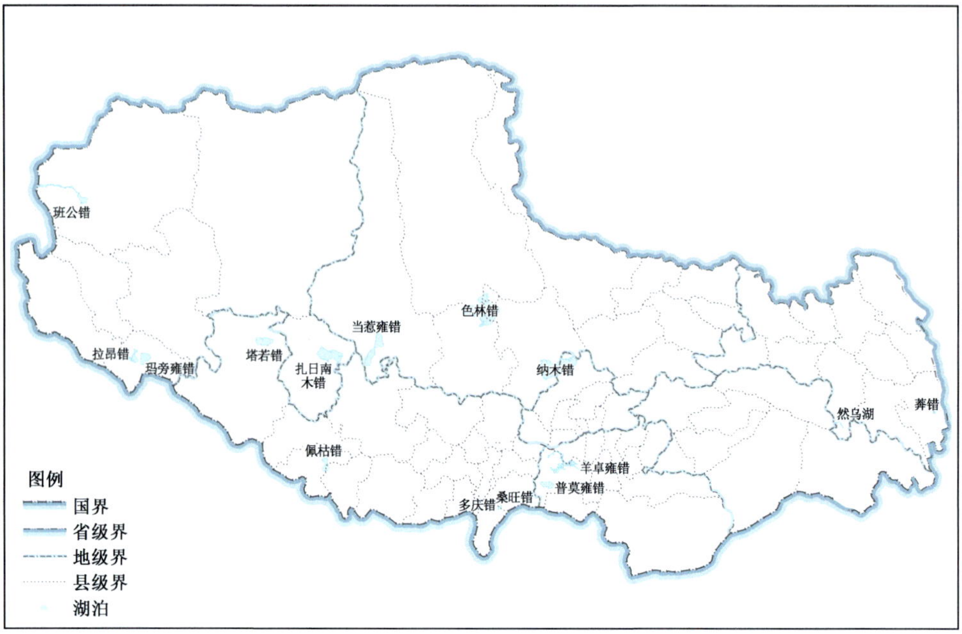

图 4.3　西藏主要湖泊分布

根据多源卫星遥感监测数据分析(图 4.4),2000—2022 年西藏境内班公错湖面面积总体呈扩张趋势,平均每年扩张 1.18 km^2。2001—2002 年和 2020—2021 年湖面面积扩张较快,分别扩张 8.68 km^2 和 10.23 km^2。

2022 年西藏境内班公错湖面面积为 477.00 km^2,较 2021 年(476.40 km^2)扩张 0.6 km^2,扩张率达 0.13%;较 2000 年(443.41 km^2)扩张 33.59 km^2,扩张率达 7.58%。

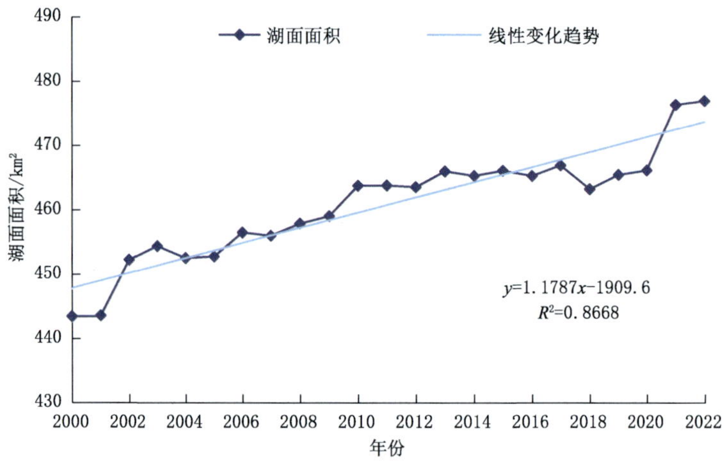

图 4.4　2000—2022 年西藏境内班公错湖面面积变化

从 2000—2022 年班公错湖面空间变化来看(图 4.5,图 4.6),位于西藏境内班公错的东部湖岸线变化较明显,分别向北和西南方向扩张。其中,2010—2022 年湖面扩张较 2000—2010 年更加明显。

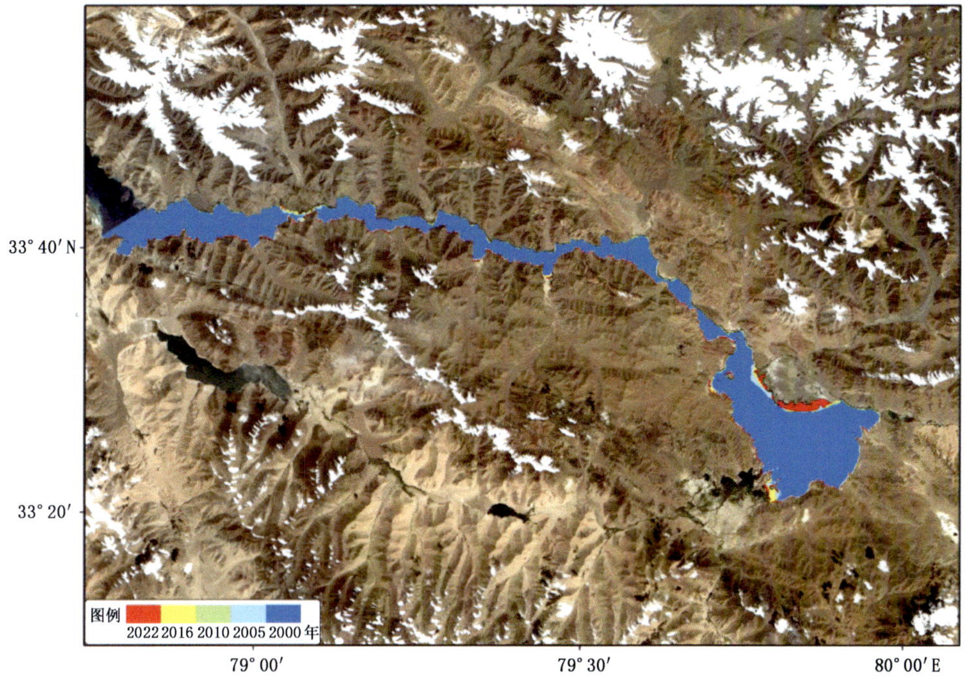

图 4.5　2000—2022 年西藏境内班公错湖面空间变化

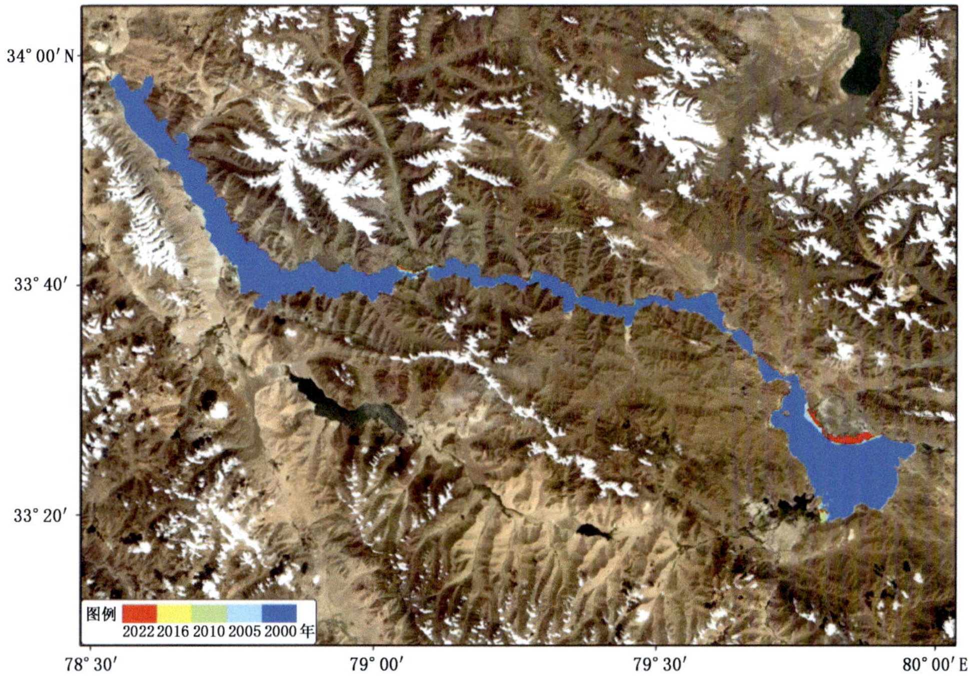

图 4.6　2000—2022 年班公错湖面空间变化

4.2.1.2 拉昂错

拉昂错(又称蓝嘎错)地处西藏普兰县境内,介于东经 81°06′～81°20′和北纬 30°35′～30°50′之间。第四纪时期,与东部的玛旁雍错同属一个大湖体,后因气候逐渐干旱,古湖泊萎缩,分离肢解成现状。拉昂错东、西、南部环山,北部为湖泊、河积平原,地势开阔;沿湖有古湖岸砂堤分布,高出湖面 25 m。近似汤勺形,湖面海拔 4572 m,长 29 km,最大宽 17 km,平均宽 9.26 km。

根据多源卫星遥感监测数据分析(图 4.7),2000—2022 年拉昂错湖面面积总体呈萎缩趋势,平均每年萎缩 0.54 km^2。2000—2010 年湖面面积平均每年萎缩 0.88 km^2,2011—2022 年平均每年萎缩 0.33 km^2。

2022 年拉昂错湖面面积为 249.87 km^2,较 2021 年(251.87 km^2)萎缩 2.00 km^2,萎缩率达 0.79%;较 2000 年(267.11 km^2)萎缩 17.24 km^2,萎缩率达 6.45%。

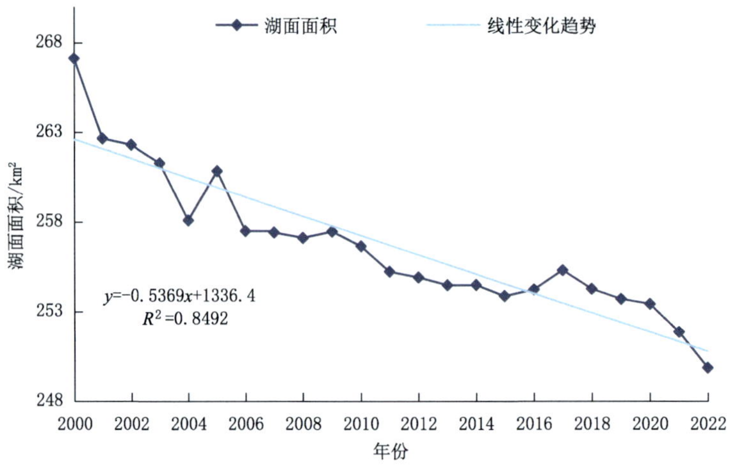

图 4.7 2000—2022 年拉昂错湖面面积变化

从 2000—2022 年拉昂错湖面空间变化来看(图 4.8),湖面变化较明显的区域主要位于湖的北部。

4.2.1.3 玛旁雍错

玛旁雍错(又称玛法木错)介于东经 81°22′～81°37′和北纬 30°33′～30°47′之间,是西藏三大圣湖之一,地处西藏阿里地区普兰县境内,北侧是冈底斯山脉,冈仁波齐峰海拔 6656 m,常年冰雪覆盖;南侧是喜马拉雅山脉,纳木那尼峰海拔 7728 m;西与拉昂错相邻。湖泊形状近似椭圆,湖面海拔 4588 m,是世界上高海拔地区淡水资源量最丰富的湖泊之一。

根据多源卫星遥感监测数据分析(图 4.9),2000—2022 年玛旁雍错湖面面积总体呈略微扩张趋势,平均每年扩张仅 0.05 m^2。其中,2000—2004 年湖面面积萎缩较明显,萎缩率为 1.3%;2004 年以后湖面面积波动式增加。

2022 年玛旁雍错湖面面积为 412.51 km^2,较 2021 年(413.26 km^2)萎缩 0.75 km^2,萎缩率达 0.18%;较 2000 年(415.78 km^2)萎缩 3.27 km^2,萎缩率达 0.79%。

从 2000—2022 年玛旁雍错湖面空间变化来看(图 4.10),湖面无明显变化。2022 年较 2016 年,湖的东北部略有扩张。

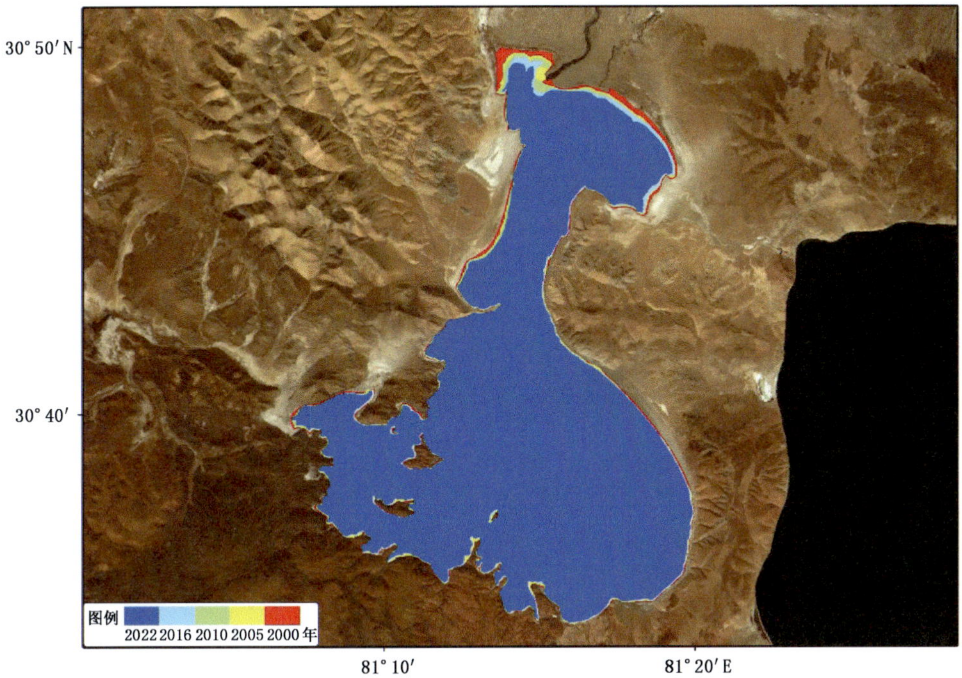

图 4.8 2000—2022 年拉昂错湖面空间变化

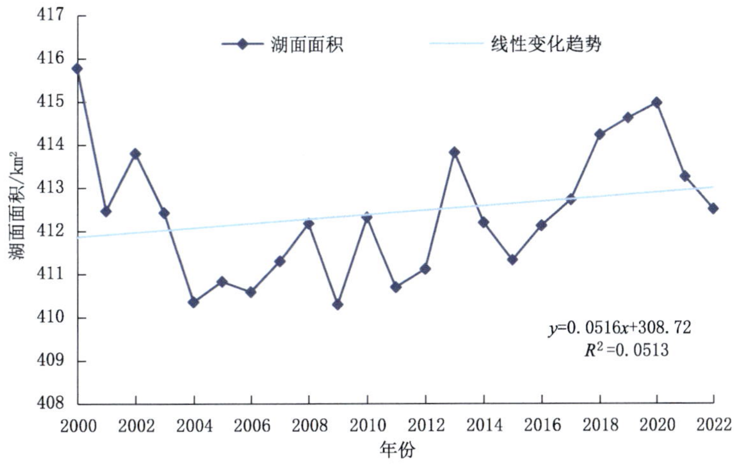

图 4.9 2000—2022 年玛旁雍错湖面面积变化

4.2.1.4 塔若错

塔若错介于东经 83°55′～84°20′和北纬 31°03′～31°13′之间，地处西藏仲巴县，冈底斯山脉北麓山间盆地内，湖面海拔 4566 m，长 38.1 km，最大宽 17.2 km，平均宽 12.77 km。湖水主要依靠冰雪融水径流补给，有布多藏布等 19 条入湖河流，属内陆湖，碳酸盐亚型淡水湖。

根据多源卫星遥感监测数据分析（图 4.11），2000—2022 年塔若错湖面面积总体呈波动扩张趋势，平均每年扩张 0.52 km^2。其中，2020 年湖面面积增至最大值（493.51 km^2），较 2000

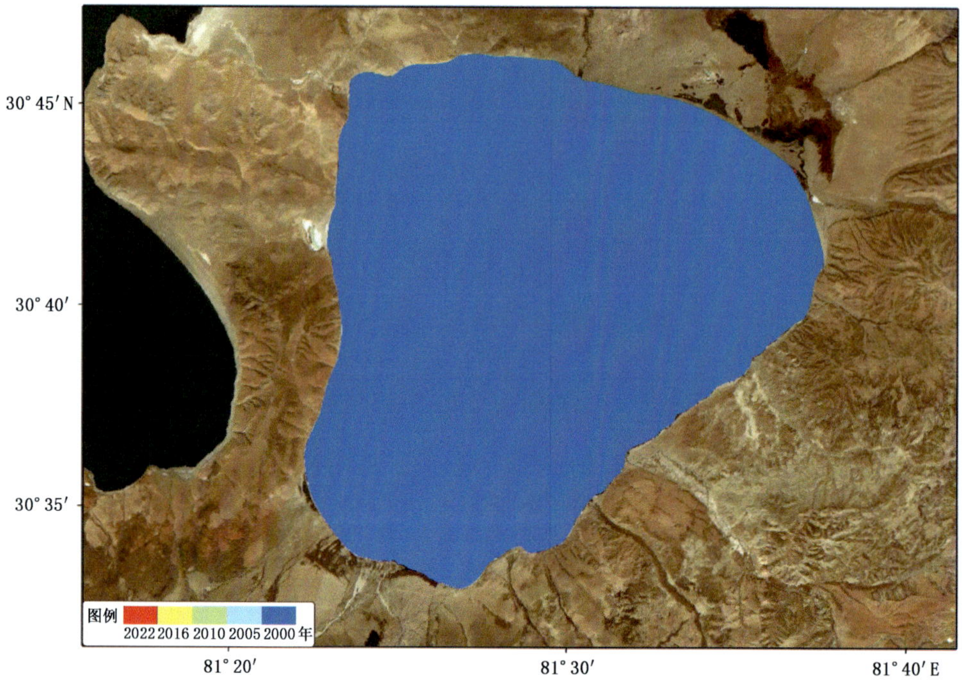

图 4.10　2000—2022 年玛旁雍错湖面空间变化

年(477.90 km²)扩张 15.61 km²，扩张率为 3.27%。

2022 年塔若错湖面面积为 488.11 km²，较 2021 年(491.03 km²)萎缩 2.92 km²，萎缩率达 0.59%；较 2000 年(477.90 km²)扩张 10.21 km²，扩张率达 2.14%。

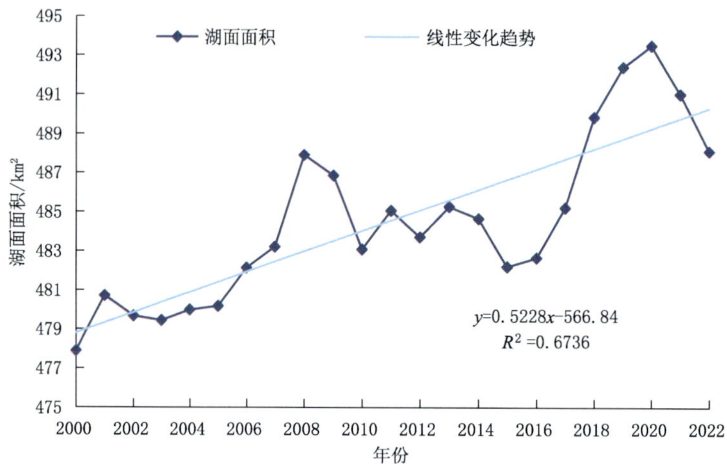

图 4.11　2000—2022 年塔若错湖面面积变化

从 2000—2022 年塔若错湖面空间变化来看(图 4.12)，湖面扩张较明显的区域主要集中于湖的南部。

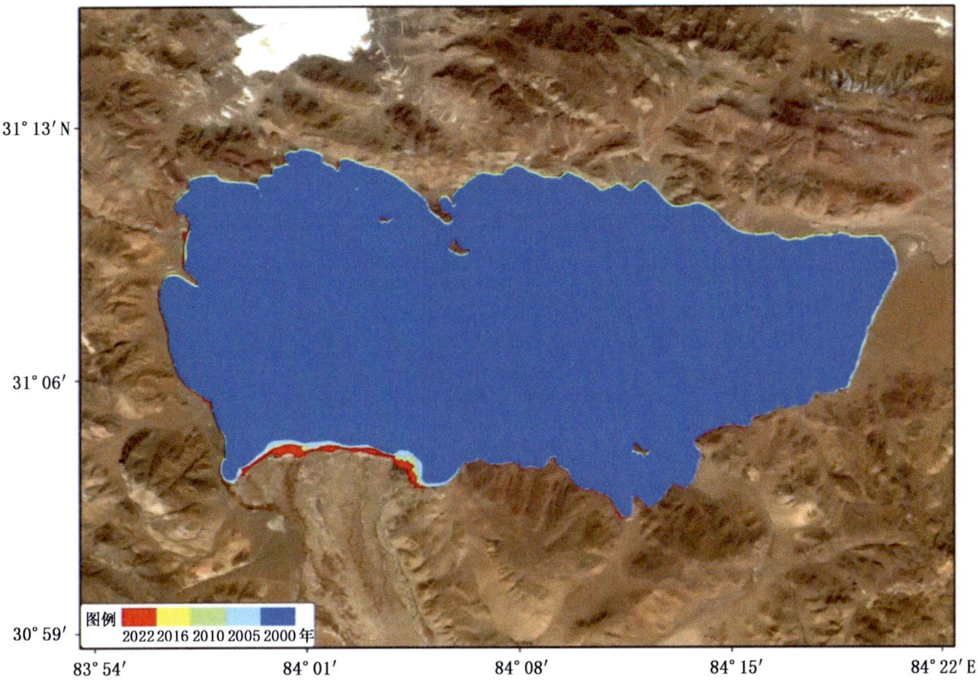

图 4.12　2000—2022 年塔若错湖面空间变化

4.2.1.5　扎日南木错

扎日南木错介于东经 85°18′～85°54′和北纬 30°44′～31°05′之间，地处西藏阿里地区措勤县东北部，是阿里地区面积最大、海拔最高的湖，也是西藏第三大湖泊。湖面海拔 4613 m。

根据多源卫星遥感监测数据分析(图 4.13)，2000—2022 年扎日南木错湖面面积总体呈扩张趋势，平均每年扩张 3.13 km^2。2000—2008 年湖面面积平均每年扩张 4.68 km^2，2008—2016 年湖面面积平均每年萎缩 1.45 km^2，2016—2022 年湖面面积平均每年扩张 6.97 km^2。

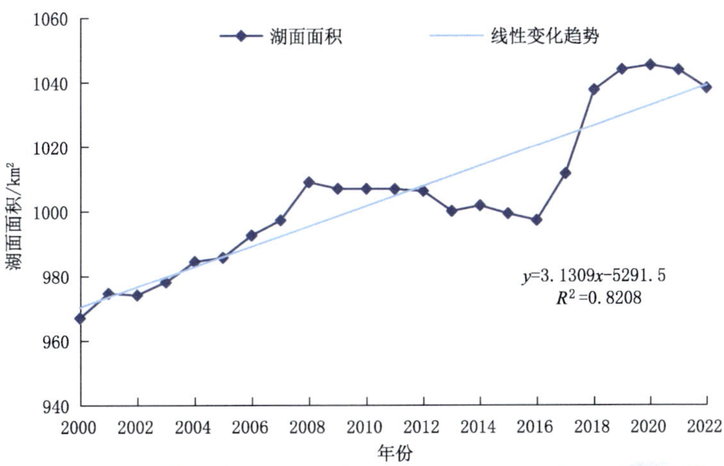

图 4.13　2000—2022 年扎日南木错湖面面积变化

2022 年扎日南木错湖面面积为 1038.29 km²，较 2021 年(1043.89 km²)萎缩 5.60 km²，萎缩率达 0.54%；较 2000 年(967.05 km²)扩张 71.24 km²，扩张率达 7.37%。

从 2000—2022 年扎日南木错湖面空间变化来看(图 4.14)，湖泊西部、西北部和东部湖岸线分别向西、西北、东扩张，尤其是西部和西北部措勤藏布河口附近最为明显。随着湖岸线的扩张，湖泊周边有两个小湖与扎日南木错主体湖泊相连，并且形成类似湖心岛的小型陆地。

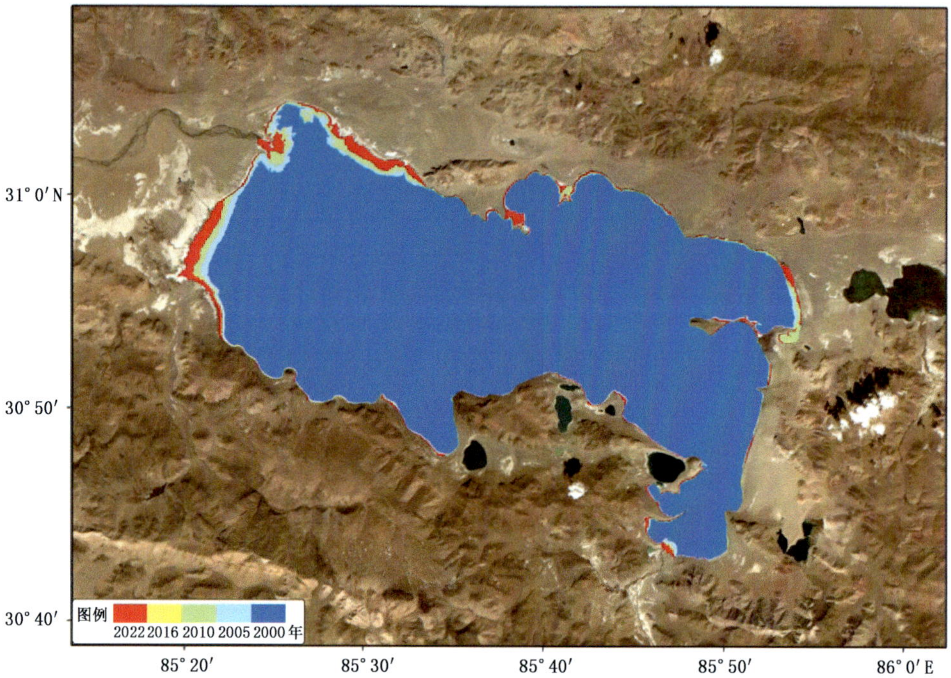

图 4.14　2000—2022 年扎日南木错湖面空间变化

4.2.1.6　当惹雍错

当惹雍错(又称唐古拉攸木错)介于东经 86°23′～86°46′和北纬 30°45′～31°22′之间，地处冈底斯山北坡凹陷盆地北部的东段，属西藏那曲市尼玛县，湖面海拔 4528 m。第四纪时期，当惹雍错北面与当穹错，南边与许如错相连，长可达 190 km。后期由于气候变干，湖水退缩，当穹错、许如错与当惹雍错分离，遂成独立湖泊。当惹雍错最大水深为 214.48 m，是青藏高原上已知最深的湖泊，也是我国境内已知第一深水湖。

根据多源卫星遥感监测数据分析(图 4.15)，2000—2022 年当惹雍错湖面面积整体呈扩张趋势，平均每年扩张 1.60 km²。其中，2000—2013 年平均每年扩张 0.72 km²；2013—2022 年平均每年扩张 1.68 km²。

2022 年当惹雍错湖面面积为 863.64 km²，较 2021 年(866.44 km²)萎缩 2.80 km²，萎缩率达 0.32%；较 2000 年(836.54 km²)扩张 27.10 km²，扩张率达 3.24%。

从 2000—2022 年当惹雍错湖面空间变化来看(图 4.16)，湖面变化较明显的区域位于湖的西南部和东南部，均向外侧扩张。其中，2016 年西南面的小湖湖面面积明显扩张，并与当惹雍错连成一片。

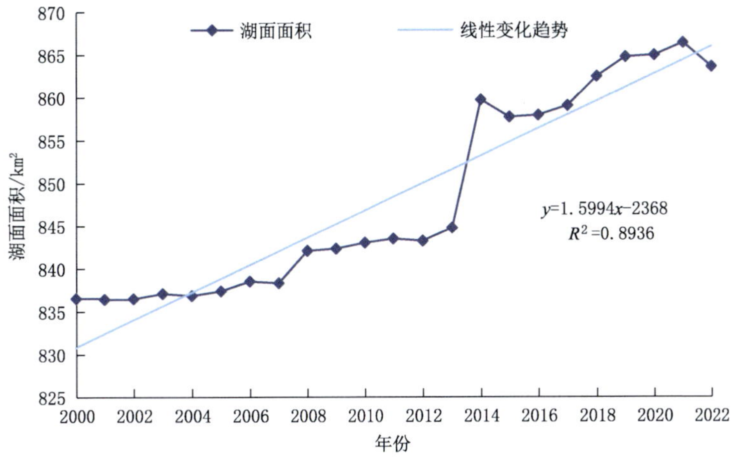

图 4.15 2000—2022 年当惹雍错湖面面积变化

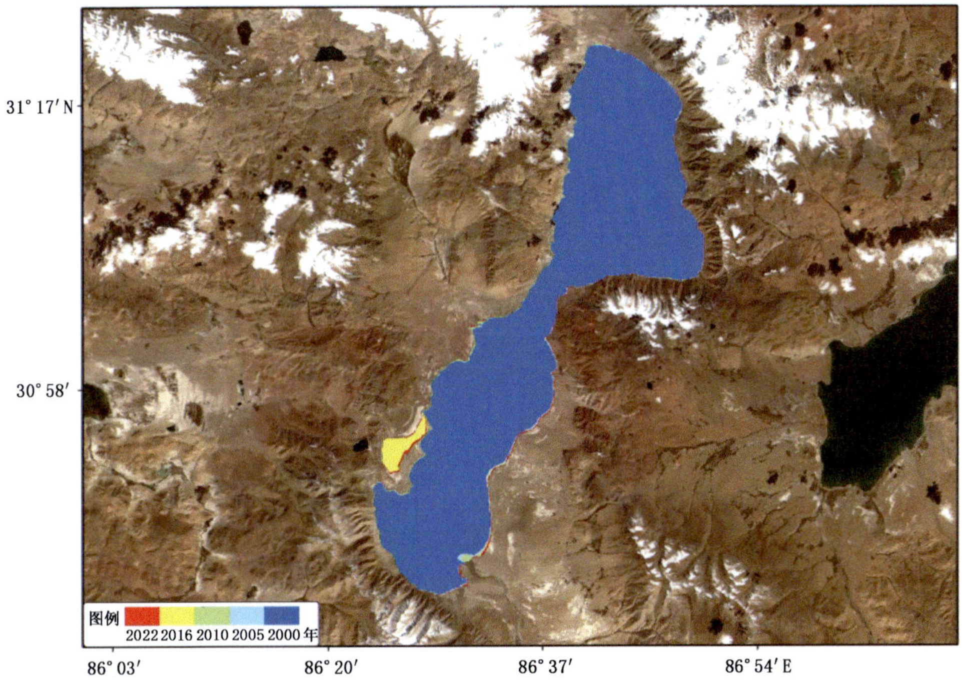

图 4.16 2000—2022 年当惹雍错湖面空间变化

4.2.1.7 色林错

色林错(又称奇林湖)和错鄂湖介于东经 88°31′～89°22′和北纬 31°30′～32°08′之间,地处西藏申扎、班戈和尼玛县交界处,位于冈底斯山北麓,申扎县以北,是西藏第一大咸水湖,湖面海拔 4530 m。错鄂湖位于班戈县境内,是色林错的卫星湖,紧挨着色林错,湖面海拔 4562 m,湖水按矿化度分类为微咸的淡水湖。

根据多源卫星遥感监测数据分析(图 4.17),2000—2022 年色林错湖面面积总体呈扩张趋势，平均每年扩张 21.69 km²。2000—2005 年湖面面积扩张较快，平均每年扩张 70.87 km²；2005—2022 年湖面面积平均每年扩张 10.83 km²。

2022 年色林错湖面面积为 2441.48 km²，较 2021 年（2437.33 km²）扩张 4.15 km²，扩张率达 0.17%；较 2000 年（1888.33 km²）扩张 553.15 km²，扩张率达 29.29%。

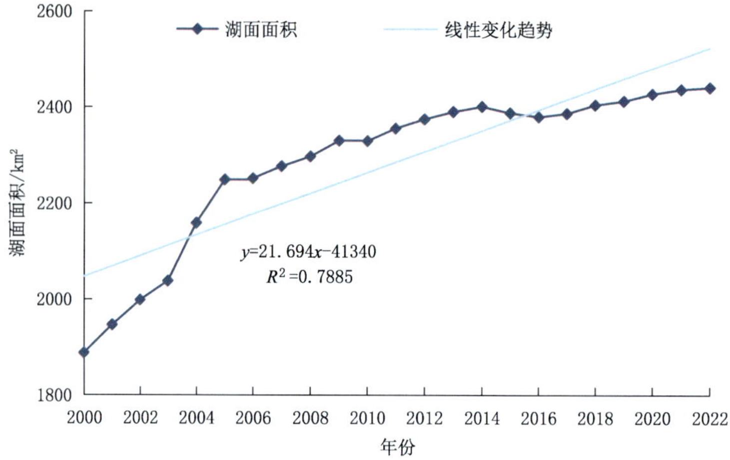

图 4.17　2000—2022 年色林错湖面面积变化

从 2000—2022 年色林错湖面空间变化来看（图 4.18），色林错湖面变化较明显的区域位于湖的北部、东南部和西部，其中北部和东南部扩张最明显。此外，2004 年遥感影像资料显示，色林错与其南部的雅根错因湖泊扩张开始相连，于 2005 年完全连成一片。

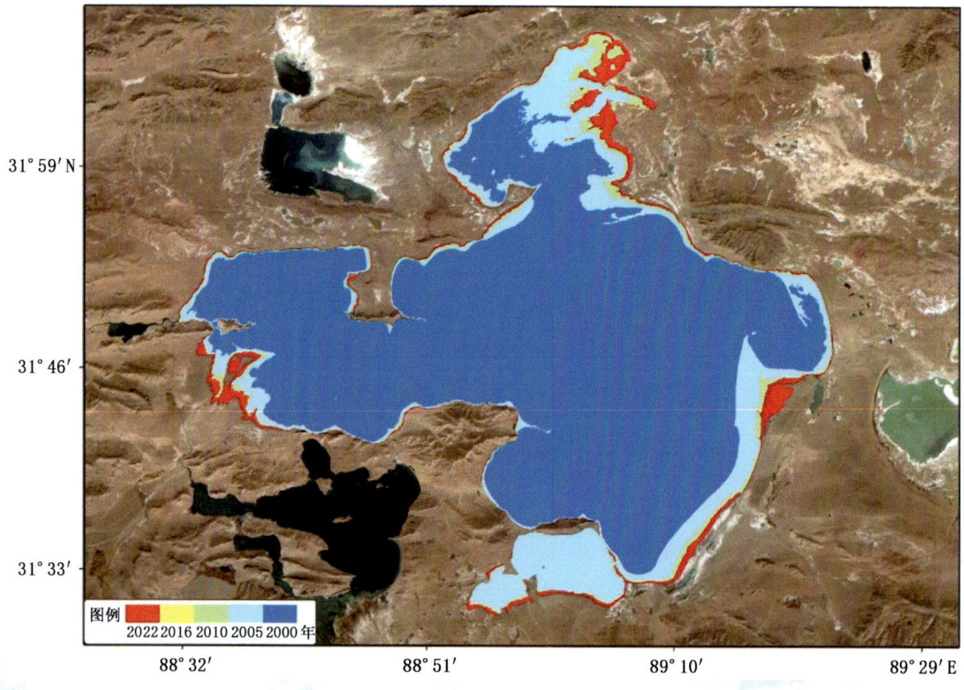

图 4.18　2000—2022 年色林错及其卫星湖错鄂湖湖面空间变化

4.2.1.8　纳木错

纳木错介于东经 90°16′～91°03′和北纬 30°30′～30°55′之间，地处藏北东南部，念青唐古拉山北麓，西藏当雄县和班戈县境内。是西藏第二大咸水湖，也是世界海拔最高的咸水湖，湖面海拔 4718 m。

根据多源卫星遥感监测数据分析(图 4.19)，2000—2022 年纳木错湖面面积总体呈扩张趋势，平均每年扩张 0.58 km^2。其中，2010 年湖面面积达 2036 km^2，为近 23 年最大值，较 2000 年(1976.96 km^2)扩张 59.04 km^2，扩张率 2.99%。

2022 年纳木错湖面面积为 2021.30 km^2，较 2021 年(2014.47 km^2)扩张 6.83 km^2，扩张率达 0.34%；较 2000 年扩张 44.34 km^2，扩张率达 2.24%。

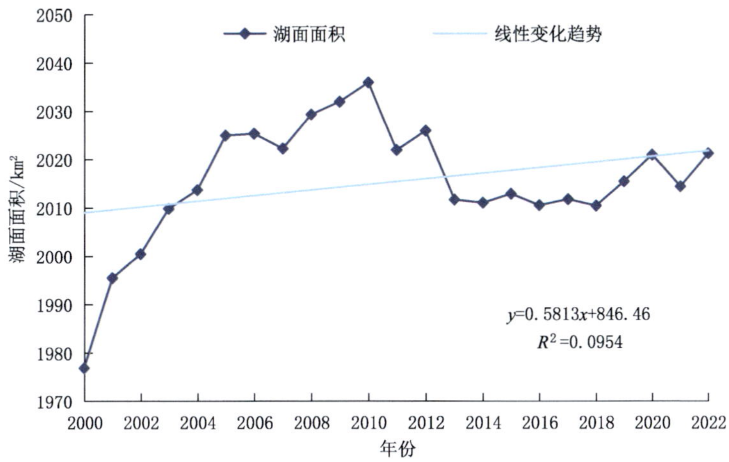

图 4.19　2000—2022 年纳木错湖面面积变化

从 2000—2022 年纳木错湖面空间变化来看(图 4.20)，湖面变化较明显的区域主要位于湖的东部和西部。2010 年与 2000 年相比，湖的东、西部扩张较明显，南部无明显变化。

4.2.2　藏南湖泊分布

4.2.2.1　佩枯错

佩枯错(又称拉错新错)介于东经 85°30′～85°41′和北纬 28°46′～29°02′之间，地处西藏日喀则市吉隆县和聂拉木县交界处。佩枯错是藏南较大的内陆湖泊，也是日喀则市最大湖泊，湖面海拔 4580 m。

根据多源卫星遥感监测数据分析(图 4.21)，2000—2022 年佩枯错湖面面积总体呈萎缩趋势，平均每年萎缩 0.31 km^2。其中，2018 年湖面面积为最小值(268.68 km^2)，较 2000 年(278.02 km^2)萎缩 9.34 km^2，萎缩率为 3.36%。

2022 年佩枯错湖面面积为 270.59 km^2，较 2021 年(271.40 km^2)萎缩 0.81 km^2，萎缩率达 0.30%；较 2000 年萎缩 7.43 km^2，萎缩率达 2.67%。

从 2000—2022 年佩枯错湖面空间变化来看(图 4.22)，湖面呈萎缩状态，南部和东北部湖岸线萎缩较明显。

4.2.2.2　桑旺错

桑旺错地处西藏日喀则市康马县喜马拉雅山脉中段北麓，介于东经 90°05′～90°07′和北

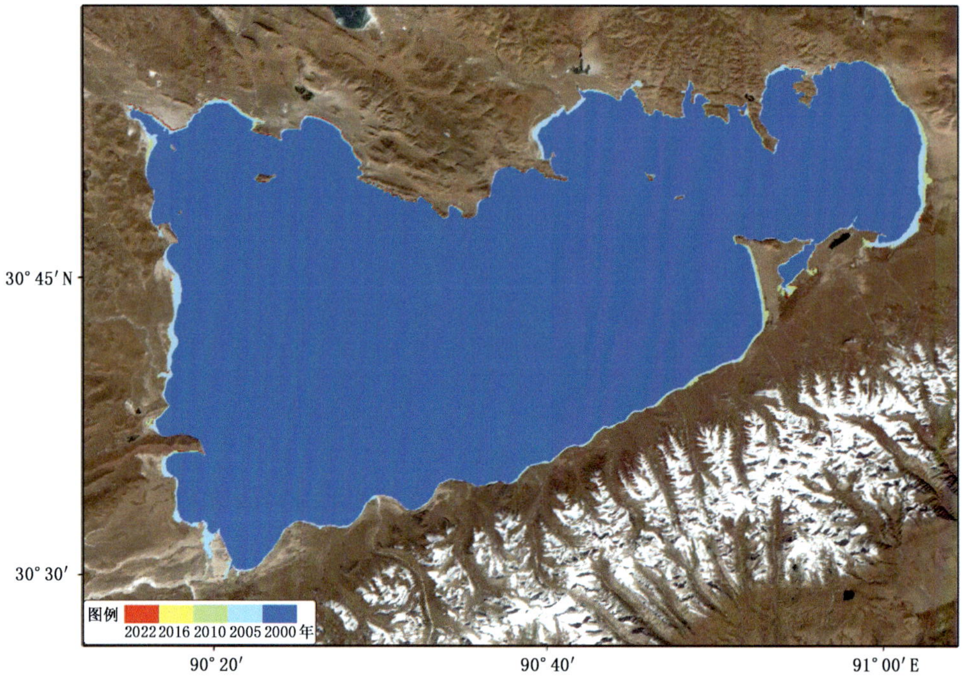

图 4.20　2000—2022 年纳木错湖面空间变化

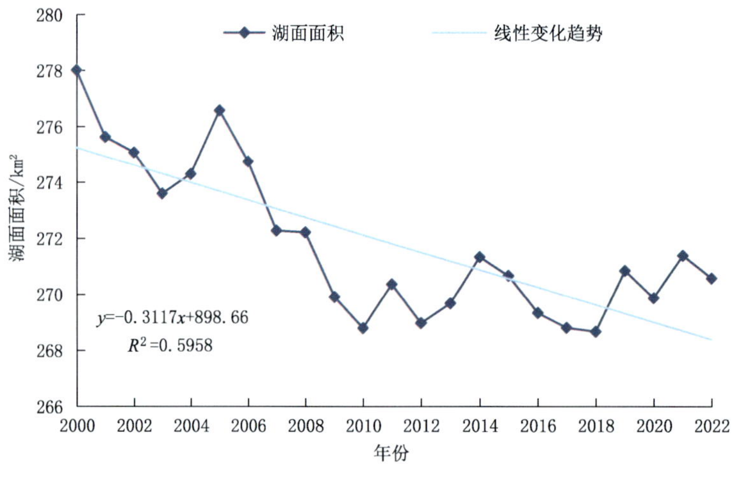

图 4.21　2000—2022 年佩枯错湖面面积变化

纬 28°12′～28°16′之间。桑旺错为冰川终碛湖，系冰川后退在终碛垄后缘与冰舌的前缘之间冰川融水积累而成的湖(李林 等，2019)。

根据多源卫星遥感监测数据分析(图 4.23)，2000—2022 年桑旺错湖面面积总体呈扩张趋势，平均每年扩张 0.02 km^2。其中，2010 年湖面面积减少至最小，减少率为 5.41 km^2，2015 年较 2010 年扩张 0.51 km^2，扩张率为 9.43%；2022 年较 2010 年扩张 0.54 km^2，扩张率为 9.98%。

2022 年桑旺错湖面面积为 5.95 km^2，较 2021 年(5.87 km^2)扩张 0.08 km^2，扩张率达 1.36%；较 2000 年(5.54 km^2)扩张 0.41 km^2，扩张率达 7.40%。

图 4.22 2000—2022 年佩枯错湖面空间变化

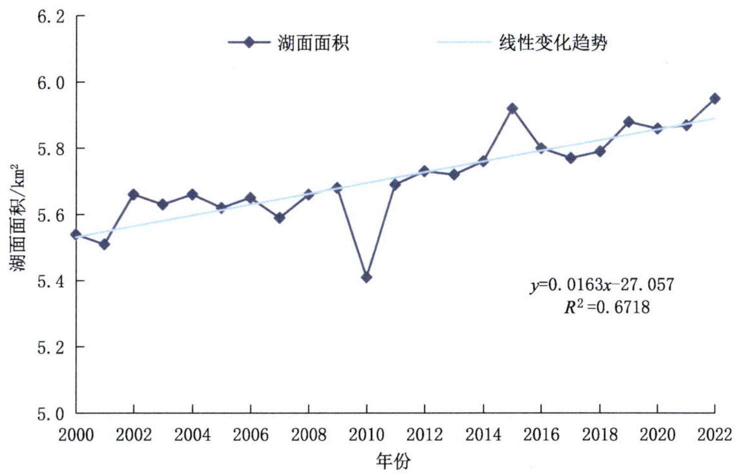

图 4.23 2000—2022 年桑旺错湖面面积变化

从 2000—2022 年桑旺错湖面空间变化来看(图 4.24),湖面扩张较明显的区域主要集中在湖的南部、西南和东南部。

4.2.2.3 多庆错

多庆错(又称多情错)介于东经 89°18′~89°26′和北纬 28°05′~28°13′之间,地处西藏日喀则市的东南部,亚东县和康马县交界处,喜马拉雅山北坡—山间盆地内,是喜马拉雅山北麓—藏南典型沼泽和沼泽化草甸湿地。湖面海拔 4466 m。湖水主要依靠麻曲和琼桂藏布两河补

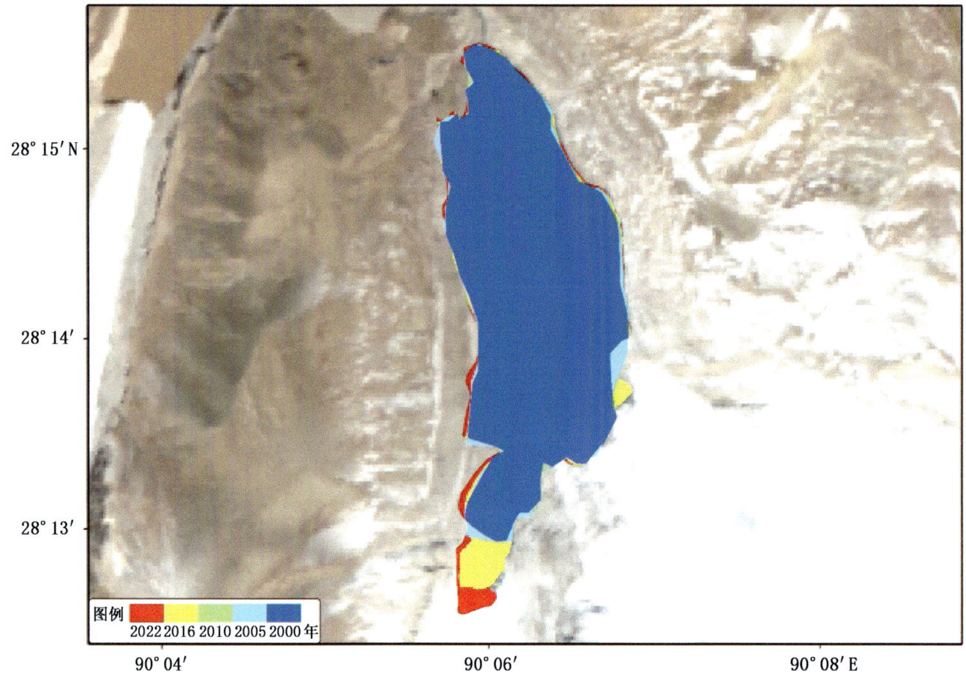

图 4.24　2000—2022 年桑旺错湖面空间变化

给，长分别为 42 km、26 km。湖水酸碱度（pH）7.7，属硫酸钠亚型内陆微咸水湖。

根据多源卫星遥感监测数据分析（图 4.25），2000—2022 年多庆错湖面面积总体表现为萎缩趋势，平均每年萎缩 1.56 km²。其中，2000—2005 年湖面面积急剧萎缩，萎缩率为 43.90%；2006—2022 年湖面面积呈波动萎缩趋势，萎缩率为 11.65%。

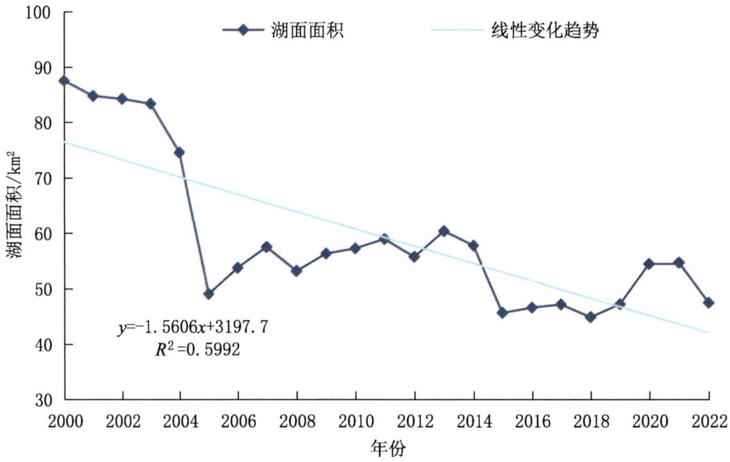

图 4.25　2000—2022 年多庆错湖面面积变化

2022 年多庆错湖面面积为 47.57 km²，较 2021 年（54.79 km²）萎缩 7.22 km²，萎缩率达 13.18%；较 2000 年（87.60 km²）萎缩 40.03 km²，萎缩率达 45.70%。

从 2000—2022 年多庆错湖面空间变化来看(图 4.26),湖面萎缩最严重的区域在东部、南部和东南部,其次是东北部和西南部,这些地方处于湖泊的上游,主要河流的入湖口;2022 年较 2010 年,湖面变化较明显的区域位于湖的东部和东北部。

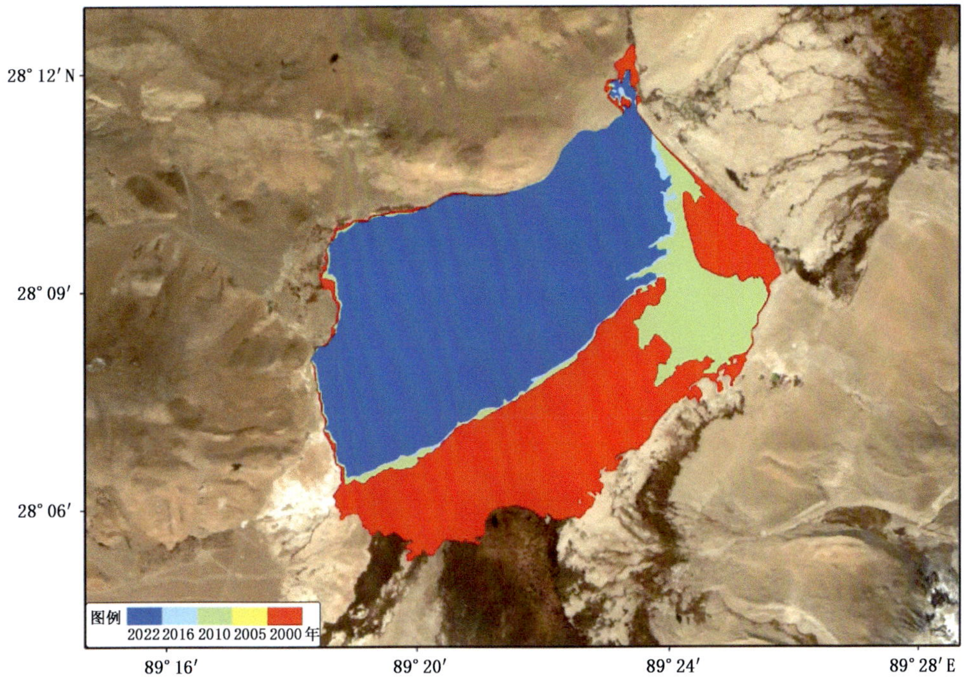

图 4.26　2000—2022 年多庆错湖面空间变化

4.2.2.4　羊卓雍错

羊卓雍错(又称羊湖)与纳木错和玛旁雍错并称西藏三大圣湖,是喜马拉雅山北麓最大的内陆湖,介于东经 90°22′～91°04′和北纬 28°46′～29°12′之间,地处西藏山南市浪卡子县,距拉萨市西南 100 km,湖面海拔 4440 m。

根据多源卫星遥感监测数据分析(图 4.27),2000—2022 年羊卓雍错湖面面积总体呈萎缩趋势,平均每年萎缩 3.41 km^2。2004 年湖面面积(609.72 km^2)较 2000 年扩张 10.30 km^2,扩张率为 1.72%;2022 年湖面面积较 2004 年萎缩 58.00 km^2,萎缩率为 9.51%。

2022 年羊卓雍错湖面面积为 551.72 km^2,较 2021 年(540.43 km^2)扩张 11.29 km^2,扩张率达 2.09%;较 2000 年(599.42 km^2)萎缩 47.7 km^2,萎缩率达 7.96%。

从 2000—2022 年羊卓雍错湖面空间变化来看(图 4.28),近 23 年四周湖岸线均向湖中央萎缩。其中,湖泊的西北、西南和东部湖岸线萎缩最明显。

4.2.2.5　普莫雍错

普莫雍错介于东经 90°13′～90°33′和北纬 28°29′～28°38′之间,地处西藏浪卡子县境内,羊卓雍错南面,喜马拉雅山北坡一山间盆地内。普莫雍错湖面海拔 5010 m,长 32.50 km,最宽 14 km,平均宽 8.93 km;湖岸线长 94 km,发育系数 1.56。湖水主要由降水和冰川融水补给,较大的入湖河流有 6 条。其中,西岸入湖的加曲最大,冰雪融水径流丰富,湖水性质为淡

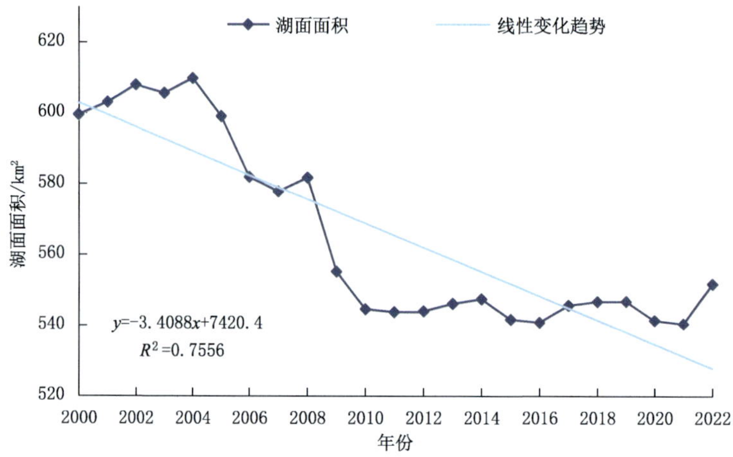

图 4.27　2000—2022 年羊卓雍错湖面面积变化

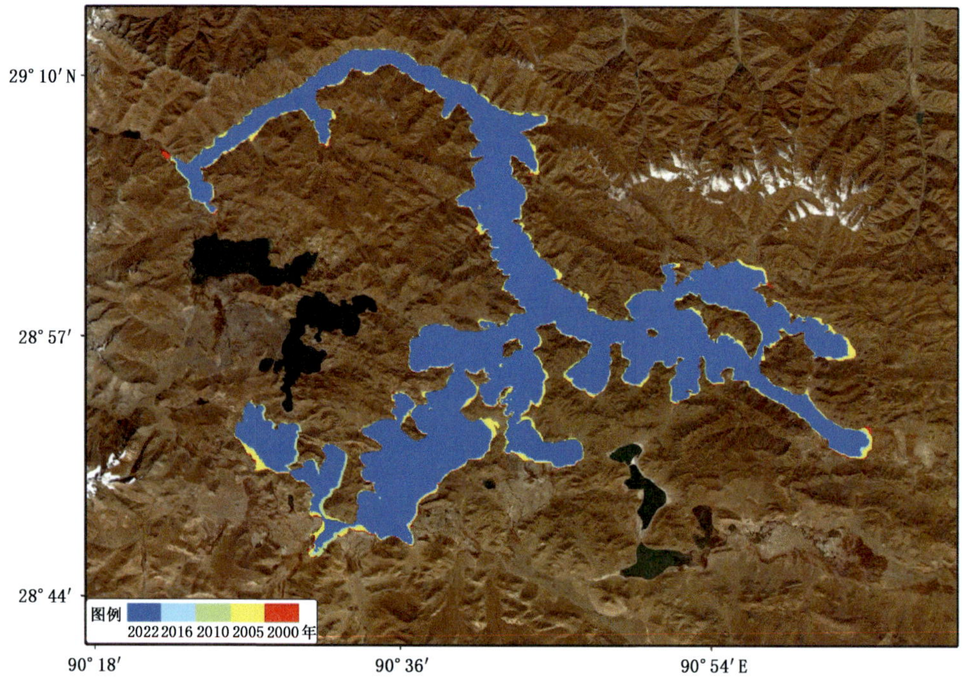

图 4.28　2000—2022 年羊卓雍错湖面空间变化

水湖。

根据多源卫星遥感监测数据分析(图 4.29),2000—2022 年普莫雍错湖面面积总体表现为微扩张趋势,平均每年扩张 0.04 km²。2000—2002 年湖面面积扩张 4.53 km²,扩张率为 1.57%;2002—2015 年湖面面积萎缩 4.41 km²,萎缩率为 1.51%;2015—2022 年湖面面积扩张 5.92 km²,扩张率为 2.05%。

2022 年普莫雍错湖面面积为 294.56 km²，较 2021 年(293.79 km²)扩张 0.77 km²，扩张率达 0.26%；较 2000 年(288.52 km²)扩张 6.04 km²，扩张率达 2.09%。

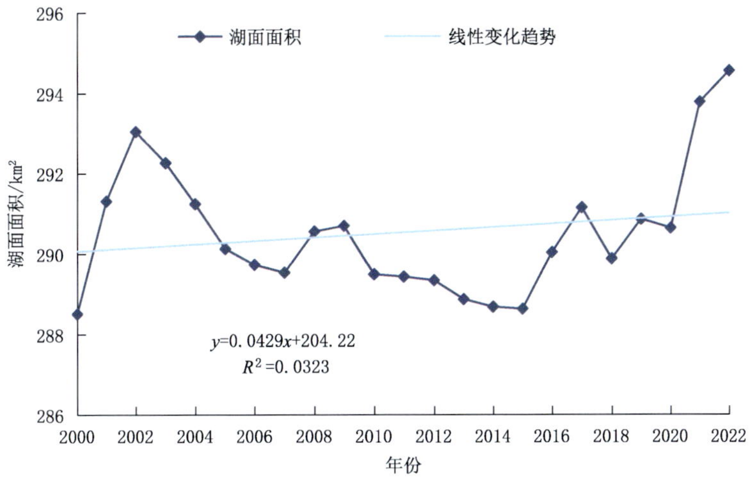

图 4.29　2000—2022 年普莫雍错湖面面积变化

从 2000—2022 年普莫雍错湖面空间变化来看(图 4.30)，湖面变化较明显的区域位于湖的西部。

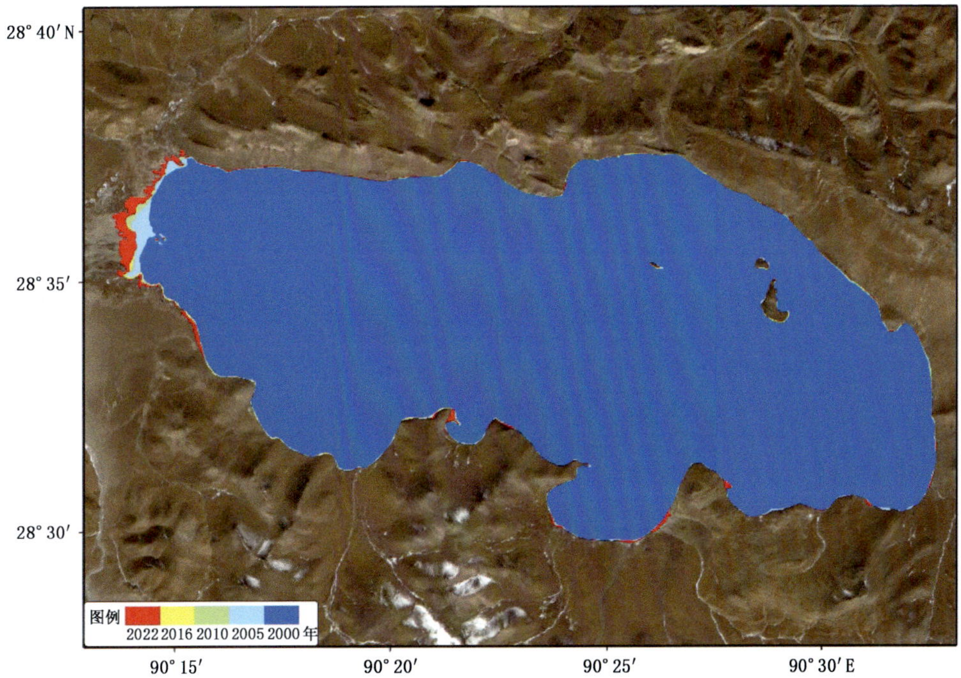

图 4.30　2000—2022 年普莫雍错湖面空间变化

4.2.3 藏东湖泊分布

4.2.3.1 然乌湖

然乌湖介于东经96°38′～96°51′和北纬29°22′～29°31′之间，地处西藏昌都市八宿县西南角，距离县城白马镇约90 km的然乌乡，是由造山运动而形成的堰塞湖。它是雅鲁藏布江支流帕隆藏布的主要源头，也是帕隆大峡谷的起源，湖泊北面有著名的来古冰川，冰川延伸至湖边。

根据多源卫星遥感监测数据分析(图4.31)，2000—2022年然乌湖湖面面积总体呈扩张趋势，平均每年扩张0.09 km^2。其中，2020年湖面面积(22.40 km^2)为23年来最大，2000年湖面面积(15.99 km^2)最小，2020较2000年扩张6.41 km^2，扩张率为40.09%。

2022年然乌湖湖面面积为19.53 km^2，较2021年(19.11 km^2)扩张0.42 km^2，扩张率达2.20%；较2000年扩张3.54 km^2，扩张率达22.17%。

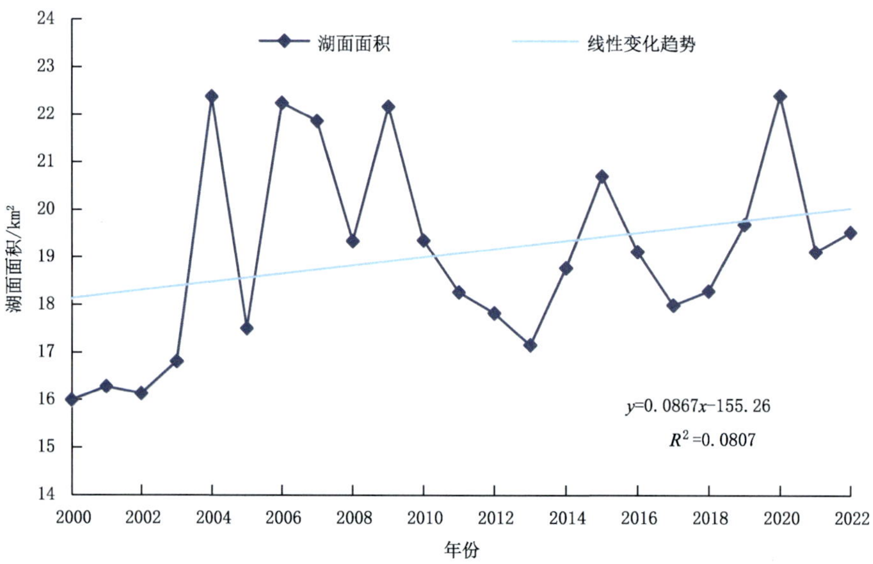

图4.31 2000—2022年然乌湖湖面面积变化

从2000—2022年然乌湖湖面空间变化来看(图4.32)，湖面变化较明显的区域主要位于上部、中部、下部三段湖泊连接处，尤其是上部、中部连接处。湖体按形态从右到左依次分为上部、中部、下部三段。

4.2.3.2 莽错

莽错是横断山脉中最大的高原湖泊，介于东经98°48′～98°53′和北纬29°30′～29°34′之间，地处昌都市芒康县朱巴龙乡，湖面海拔4334 m。

根据多源卫星遥感监测数据分析(图4.33)，2000—2022年莽错湖面面积总体呈波动扩张趋势，平均每年扩张0.01 km^2。2018年湖面面积19.87 km^2，为近23年最大值，较2015年(18.28 km^2)扩张1.59 km^2，扩张率为8.70%。

2022年莽错湖面面积为19.16 km^2，较2021年(19.10 km^2)扩张0.06 km^2，扩张率达

图 4.32　2000—2022 年然乌湖湖面空间变化

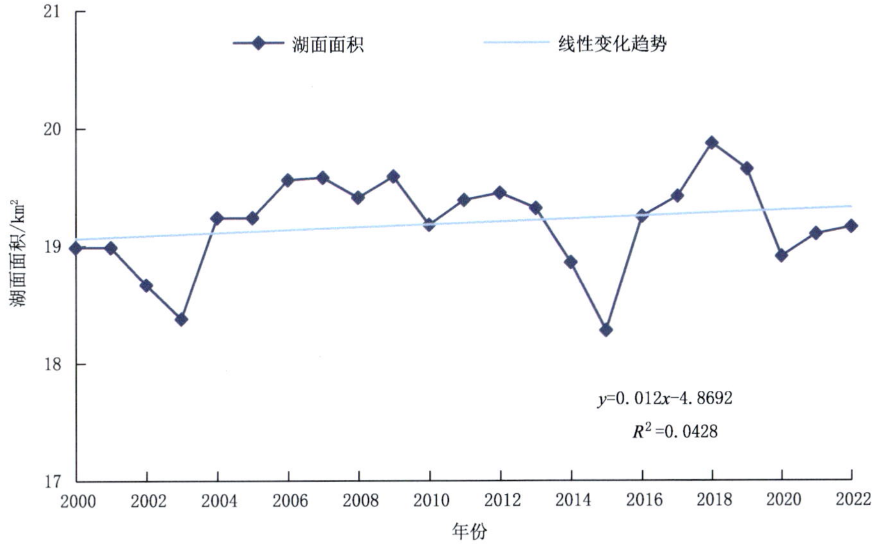

图 4.33　2000—2022 年莽错湖面面积变化

0.31%；较 2000 年(18.99 km^2)扩张 0.17 km^2，扩张率达 0.90%。

从 2000—2022 年莽错湖面空间变化来看(图 4.34)，湖面波动式扩张。其中，东北部湖岸线扩张明显，北部出水口附近尤为突出。随着湖水向湖岸线的扩张，湖泊北部低洼处相对较为平坦，逐渐被淹没。

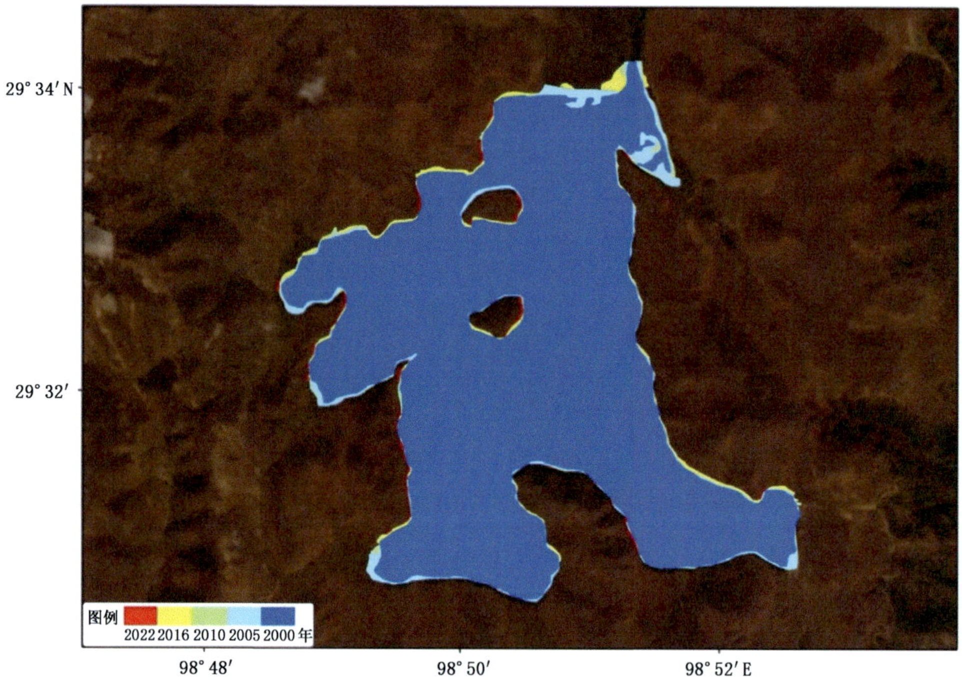

图 4.34　2000—2022 年莽错湖面空间变化

4.3　陆地植被

气候变暖导致北半球大部分地区植被发生显著变化，中高纬度植被活动显著增强，高纬度、高寒地区植被返青期提前，生长季长度延长的现象尤为明显（Zhou et al.，2001；De et al.，2011；Lei et al.，2014）。20 世纪 90 年代植被增长趋势较 80 年代显著，从 21 世纪初开始，北半球部分地区归一化差分植被指数（NDVI）增长速率有所减缓（Piao et al.，2011）。《中国气候变化蓝皮书（2023）》（巢清尘 等，2023）显示：中国植被覆盖整体稳定增加，呈持续变绿趋势。Peng 等（2012）分析认为，1982—2003 年青藏高原除森林退化严重（50%）外，其他（植被类型）NDVI 呈增长趋势，植被生长状况以变好为主。于伯华等（2009）分析得出，1981—2006 年 NDVI 下降显著的区域主要分布在高原南部，其次为三江源中南部，而藏北高原、西部柴达木盆地 NDVI 较为稳定。拉巴等（2019）分析认为，2000—2018 年那曲市 NDVI 总体呈不显著减少趋势，稳定状态的植被所占比重为 64.50%，退化区面积略大于改善区面积 4.21%。

4.3.1　植被覆盖

4.3.1.1　2022 年植被覆盖变化

根据 2010 年、2021 年和 2022 年最大合成年平均 NDVI 数据分析（表 4.1），2022 年西藏植被覆盖度仍以 0～20%为主，面积为 47.45 万 km^2，占全区总面积的 43.83%；之后植被覆盖度依次为 20%～40%、60%～80%、40%～60%、80%～100%。与 2010 年相比，2022 年各等级植被覆盖面积均有所增多，其中，20%～40%增幅最显著，为 3.51 万 km^2。与 2021 年相比，除 0～20%和 20%～40%等级植被覆盖面积有所增多，其他等级植被覆盖面积均有减少，0～20%植被覆盖面积增幅最明显，为 3.83 万 km²，80%～100%植被覆盖面积减幅为 1.55 万 km²。

表 4.1　2010 年、2021 年和 2022 年西藏植被覆盖度变化分类统计(万 km²)

覆盖度分类	2010 年面积	2021 年面积	2022 年面积	2010 年与 2022 年面积变化	2021 年与 2022 年面积变化
0～20%	44.13	43.62	47.45	+3.32	+3.83
20%～40%	24.15	27.46	27.66	+3.51	+0.20
40%～60%	10.23	11.62	11.25	+1.02	−0.37
60%～80%	8.89	13.04	11.60	+2.71	−1.44
80%～100%	9.97	11.86	10.31	+0.34	−1.55

备注：0～20%为低覆盖度植被，20%～60%为中覆盖度植被，60%～100%为高覆盖度植被；"+、−"表示面积"增多、减少"。

从 2022 年西藏植被覆盖变化空间分布来看(图 4.35)，高覆盖度植被集中分布在藏东和藏东南区域及沿喜马拉雅山脉一带，低覆盖度植被主要分布在藏西北牧区和无人区一带，中覆盖度植被集中分布在藏中和藏南地区。

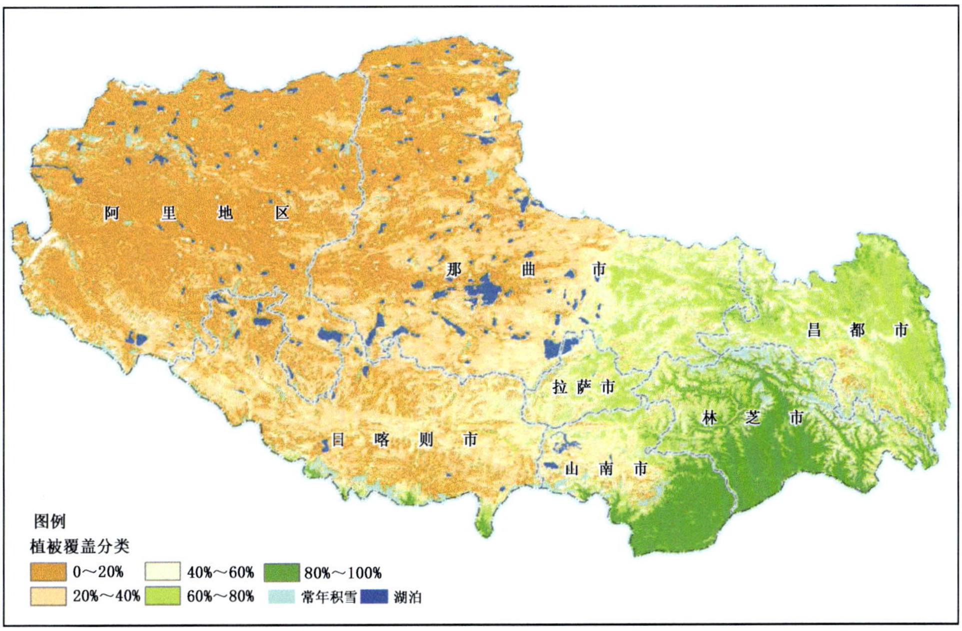

图 4.35　2022 年西藏植被覆盖变化空间分布

4.3.1.2　长时间序列植被覆盖变化

(1)植被 NDVI 均值变化趋势

从 2000—2022 年西藏 NDVI 均值变化趋势来看(图 4.36)，植被变化呈增长趋势，平均每 10 年增长 0.002，且在 2020 年达到最大值 0.364，2015 年达到最小值 0.335。

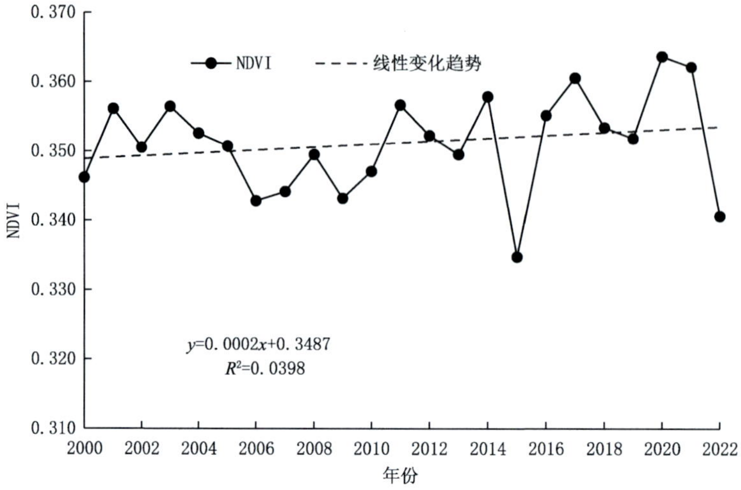

图 4.36 2000—2022 年西藏 NDVI 均值变化

(2)西藏全区及七地(市)植被覆盖变化

从 2000—2022 年西藏及七地(市)植被覆盖变化分析可以看出(表 4.2,图 4.37),植被覆盖大部分区域呈稳定状态,改善区域植被面积大于退化区域面积,表明植被长势逐年趋于好转。近 23 年,全区植被覆盖稳定面积为 77.47 万 km^2,面积占比为 72.56%;改善区域面积为 14.20 万 km^2,面积占比为 13.30%;退化区域面积为 15.05 万 km^2,面积占比为 14.09%。七地(市)中,植被覆盖稳定面积比重最大为阿里地区(87.00%),其次是那曲市(74.70%),其他依次是林芝市(64.48%)、山南市(64.15%)、昌都市和日喀则市均为 60.19%、拉萨市(47.76%);改善区域面积比重最大为昌都市(22.0%),拉萨市位列第二(21.63%),其他依次为林芝市(21.44%)、山南市(19.73%)、日喀则市(18.15%)、阿里地区(8.83%)和那曲市(8.30%);退化区域面积比重最大为拉萨市(30.61%),日喀则市位列第二(21.66%),其他依次为昌都市(17.80%)、那曲市(17.01%)、山南市(16.11%)、全区(14.09%)、林芝市(14.08%)、阿里地区(4.17%)。

表 4.2 2000—2022 年西藏全区及七地(市)植被覆盖变化统计(万 km^2)

区域	显著退化	轻微退化	稳定	轻微改善	显著改善
	面积百分比/%	面积百分比/%	面积百分比/%	面积百分比/%	面积百分比/%
阿里地区	0.05	1.23	26.83	2.62	0.10
	0.17	4.00	87.00	8.50	0.33
那曲市	0.33	5.12	23.93	2.34	0.32
	1.03	15.98	74.70	7.32	0.98
拉萨市	0.13	0.67	1.25	0.46	0.11
	4.95	25.66	47.76	17.54	4.09
林芝市	0.24	1.00	5.68	1.47	0.42
	2.74	11.34	64.48	16.68	4.76

续表

区域	显著退化	轻微退化	稳定	轻微改善	显著改善
	面积百分比/%	面积百分比/%	面积百分比/%	面积百分比/%	面积百分比/%
山南市	0.14	0.95	4.35	1.09	0.24
	2.09	14.02	64.15	16.16	3.57
昌都市	0.24	1.49	5.86	1.77	0.37
	2.47	15.33	60.19	18.19	3.81
日喀则市	0.41	3.04	9.57	2.52	0.36
	2.56	19.10	60.19	15.86	2.29
西藏全区	1.54	13.51	77.47	12.28	1.92
	1.44	12.65	72.56	11.50	1.80

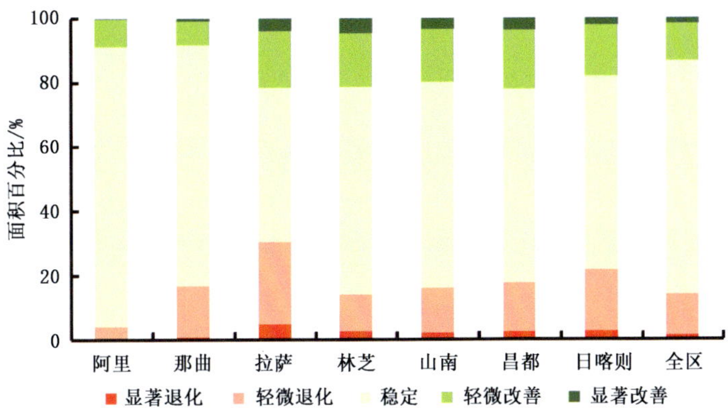

图 4.37 2000—2022 年西藏及七地(市)植被覆盖变化

(3)植被覆盖空间变化

从 2000—2022 年西藏植被覆盖空间变化可以看出(图 4.38),植被变化趋势以稳定为主。其中,植被显著退化区域主要集中在高原中部的拉萨、那曲中部区域,日喀则中东部,山南市北部和昌都局部区域;轻微退化区域与显著退化区域交错分布;稳定区域主要分布在藏北地区的阿里大部和那曲中北部,以及林芝和山南南部;轻微改善区域主要分布在阿里西部、那曲北部,日喀则西南部、昌都中部;显著改善区域分布在那曲南部、山南东北部、拉萨东部、日喀则东南部,以及昌都南部。

4.3.2 植被生物量

4.3.2.1 草地地上(含干草)和鲜草生物量状况

2022 年西藏草地地上(含干草)生物量最高值为 4654.8 kg/hm^2,平均值为 1030.6 kg/hm^2(图 4.39);草地鲜草生物量最高值为 5128.0 kg/hm^2,平均值为 894.1 kg/hm^2(图 4.40)。2022 年西藏草地地上(含干草)生物量与鲜草生物量较差区域主要集中在那曲北部、阿里大部和日喀则部分区域,其余地区相对较好。

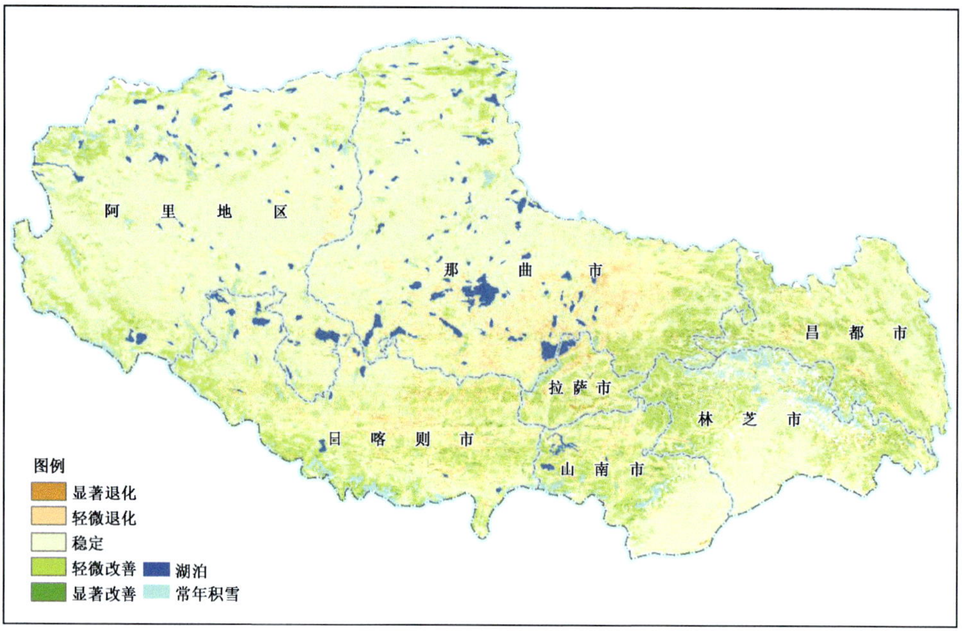

图 4.38　2000—2022 年西藏植被覆盖空间分布

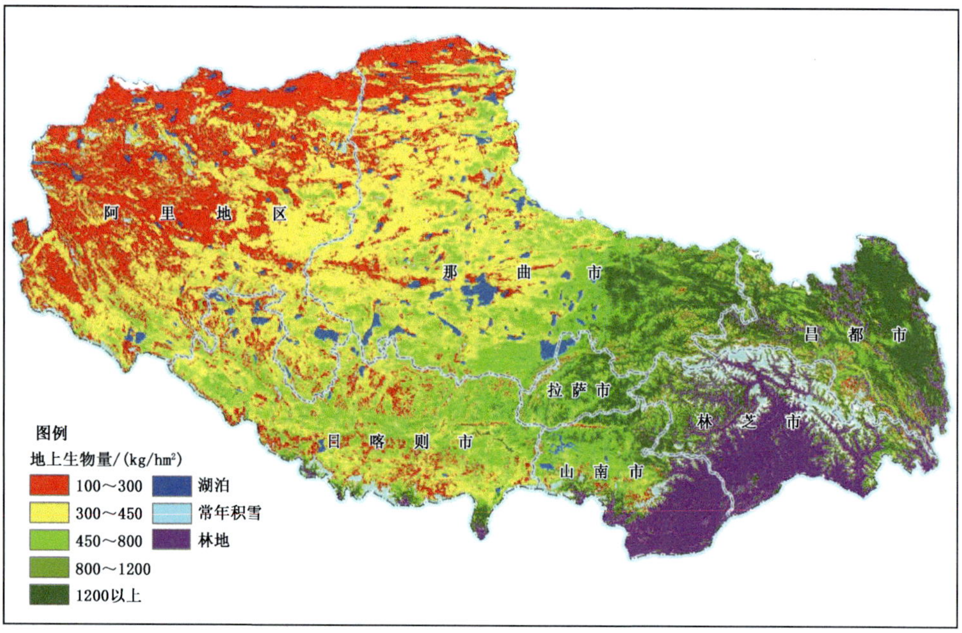

图 4.39　2022 年西藏草地地上(含干草)生物量空间分布

4.3.2.2　草地地上(含干草)和鲜草生物量变化趋势

从 2000—2022 年西藏生物量变化趋势来看(图 4.41),地上生物量总体呈略微增加趋势。23 年来,全区地上(含干草)平均生物量为 1022.3 kg/hm^2,鲜草平均生物量为 881.1 kg/hm^2。

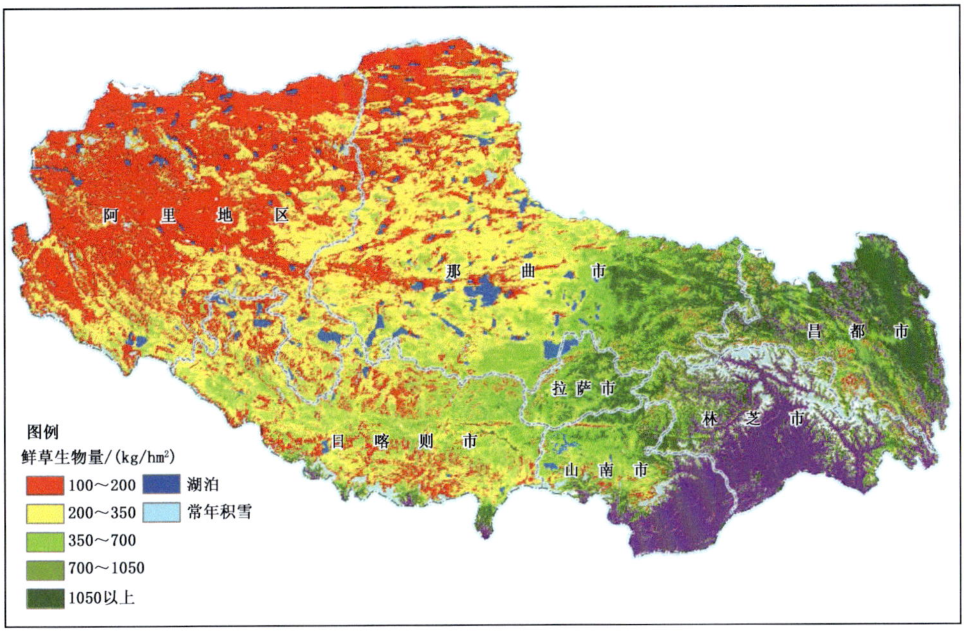

图 4.40 2022 年西藏草地鲜草生物量空间分布

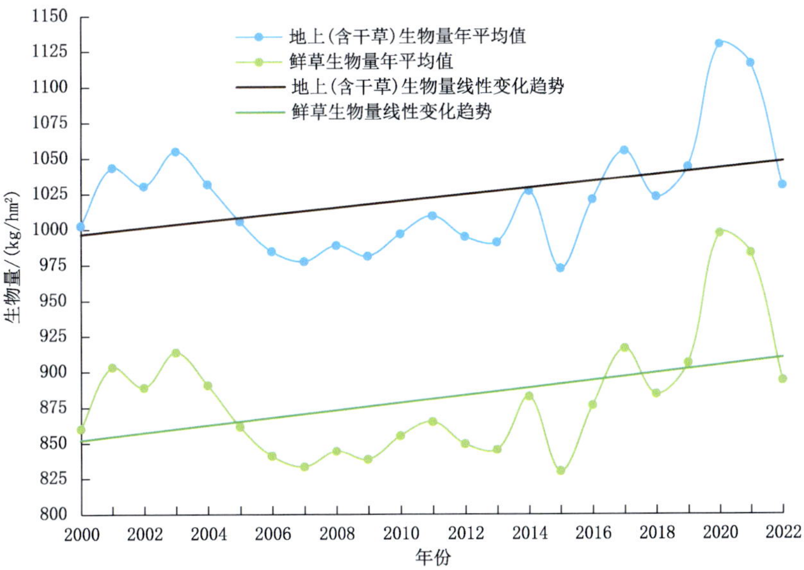

图 4.41 2000—2022 年西藏生物量变化

其中，2020 年达到最大值。2022 年与多年(2000—2022 年)生物量平均值相比，地上(含干草)和鲜草生物量分别增加了 8.3 kg/hm² 和 13.0 kg/hm²；较 2020 年地上(含干草)和鲜草生物量分别减少 99.2 kg/hm² 和 103.2 kg/hm²。

从 2000—2022 年西藏生物量距平值分析可见(图 4.42)，地上生物量变化主要分为三个阶段。第一阶段为前 5 年(2000—2004 年)，除 2000 年外，2001—2004 年地上生物量距平值均为正值，表示植被处于改善阶段；第二阶段为 2005—2016 年，除 2014 年外，其他时段地上生物量距平值均为负值，表示植被处于退化阶段；第三阶段为2017—2022年，地上生物量距平值均为正值，表示植被再次处于改善阶段。

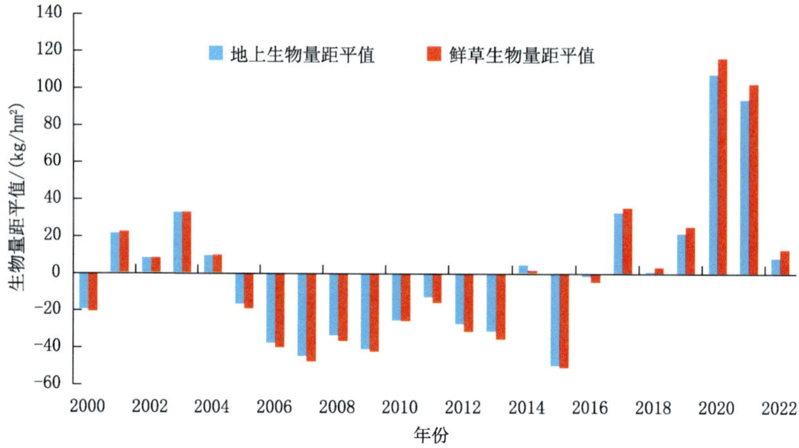

图4.42　2000—2022年西藏生物量距平值变化

4.3.3　拉萨—山南经济圈NDVI

根据2000—2022年拉萨—山南经济圈NDVI变化趋势分析(图4.43)，近23年NDVI变化趋势呈增长态势，平均每10年增长0.002，且在2020年达到最大值0.579，2010年达到最小值0.516。

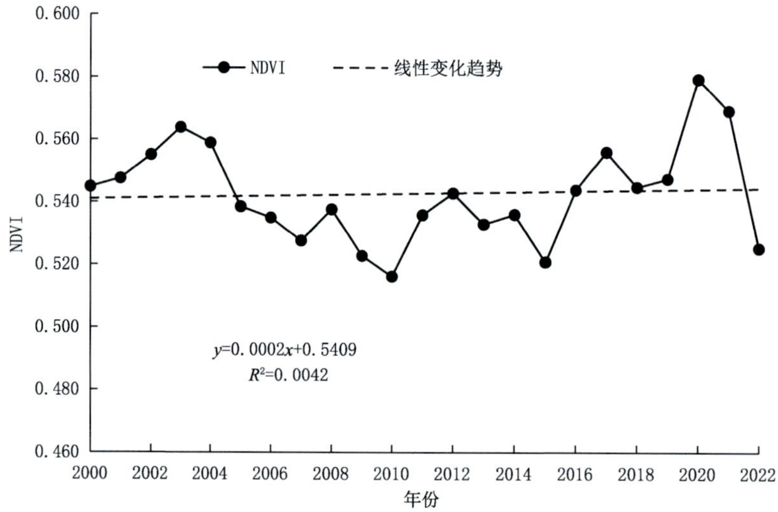

图4.43　2000—2022年拉萨—山南经济圈NDVI变化

从2022年拉萨—山南经济圈植被覆盖空间分布来看(图4.44)，80%～100%植被覆盖集中分布在加查县南部，40%～80%植被覆盖均有分布，20%～40%植被覆盖主要分布在西南部及东部部分区域。

从2000—2022年拉萨—山南经济圈植被覆盖空间分布来看(图4.45)，区域内植被变化较为显著。其中，植被退化区域面积为1.01万km^2，面积占比为38.4%；稳定区域面积为

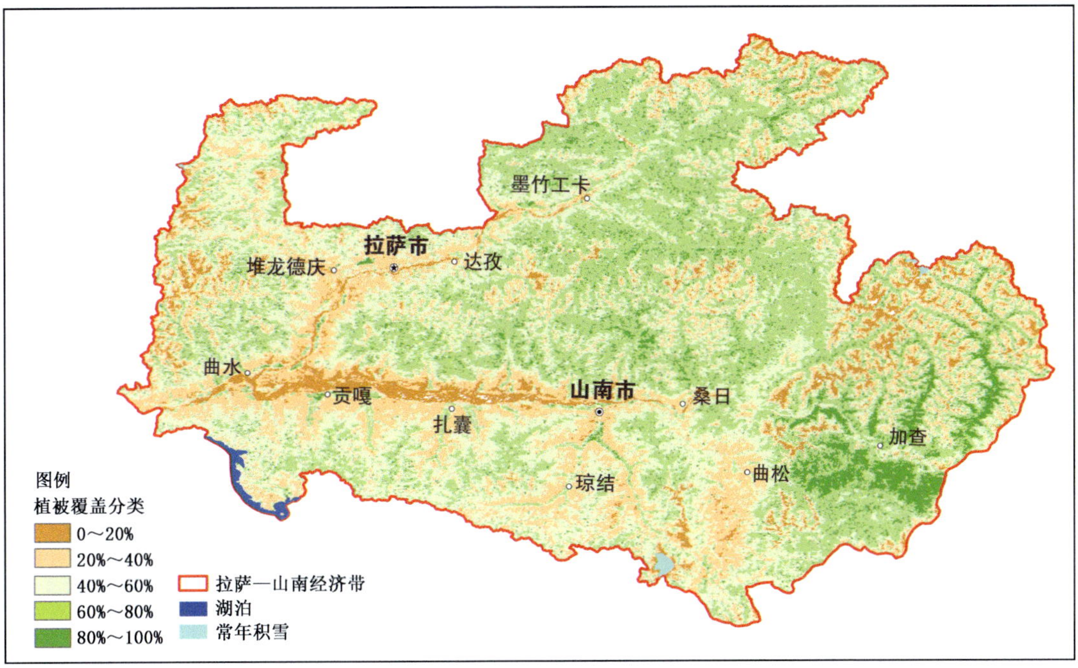

图 4.44 2022 年拉萨—山南经济圈植被覆盖空间分布

0.72 万 km^2，面积占比为 27.39%；植被改善区域面积为 0.90 万 km^2，面积占比为 34.22%。植被显著退化区域主要位于城关区、达孜和墨竹工卡，轻微退化区域分布在桑日、琼结和曲松，改善区域分布在曲水、堆龙、扎囊和加查。

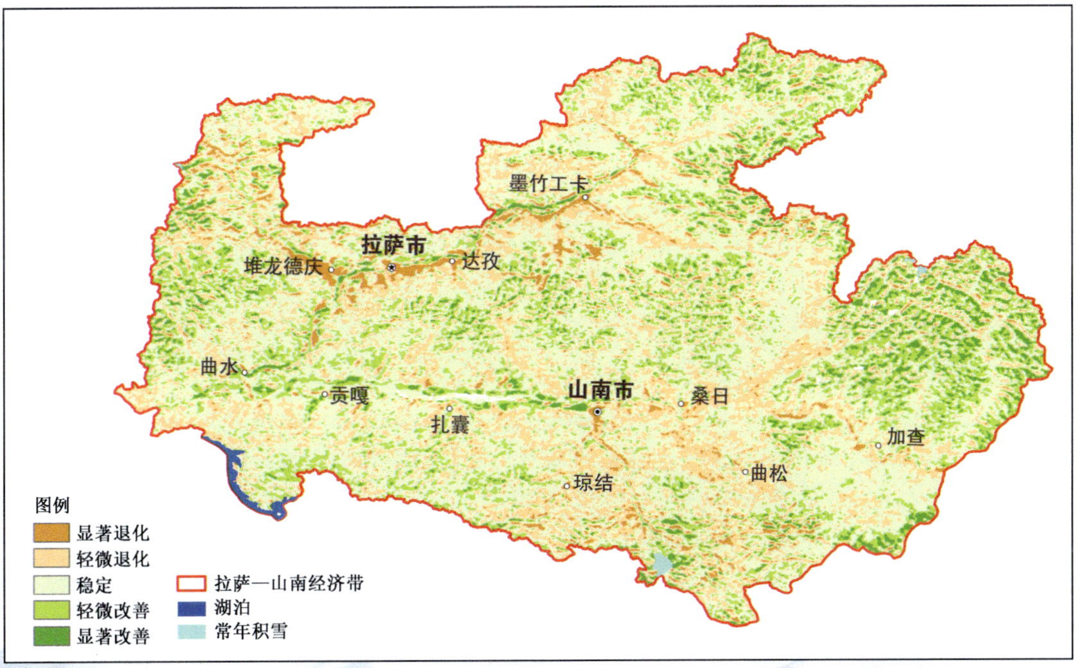

图 4.45 2000—2022 年拉萨—山南经济圈植被覆盖空间分布

4.3.4 青藏铁路沿线植被监测

根据 2000—2022 年青藏铁路沿线 NDVI 变化趋势来看(图 4.46),近 23 年监测区 NDVI 均值以 0.008/10a 的速度呈上升趋势,但个别年份变化波动性较大。其中,2007 年 NDVI 均值为 0.361,2015 年为 0.376,2019 年为 0.409,相对其他年份较低;2020 年为 0.454,相对较大。从监测时段的离散程度来看,2007 年、2015 年和 2019 年 NDVI 均值相对其他年份较低,2000—2006 年、2008—2014 年和 2016—2018 年 NDVI 均值稳定在 0.406～0.438。

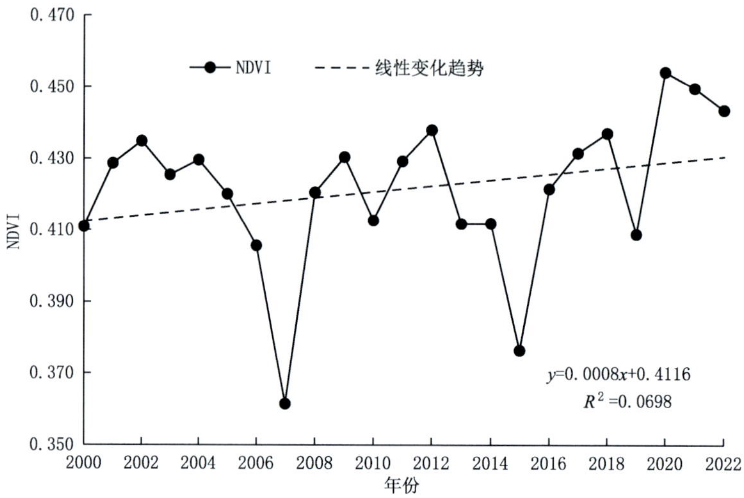

图 4.46 2000—2022 年青藏铁路沿线 NDVI 变化

从 2000—2022 年青藏铁路沿线 NDVI 空间分布来看(图 4.47),植被覆盖较高区域主要分布在当雄县和色尼区的东部,较低区域主要分布在念青唐古拉山脉一带。2000—2010 年、2011—2022 年和 2000—2022 年植被覆盖除林周县周边稍有变化外,其他地区变化不明显。

从 2000—2022 年青藏铁路沿线 NDVI 变化趋势空间分布来看(图 4.48),近 23 年监测区植被覆盖除了安多县错鄂湖至当雄县羊八井和拉萨市城关区外,其他区域呈增加趋势。其中,2000—2010 年植被覆盖轻微增加区域主要分布在安多北部、林周北部以及当雄西南等地区;2011—2022 年植被覆盖显著增加区域分布在色尼区和林周县,较 2000—2010 年明显增多。

4.4 区域生态气候

气候生产潜力是指充分和合理利用当地的光、热、水气候资源,而其他条件(如土壤、养分、二氧化碳等)处于最适状况时单位面积土地上可能获得的最高生物学产量,可根据生物量与气候因子的统计相关关系建立的数学模型计算得到,如 Thornthwaite Memorial、AEZ、Miami、筑后等模型。Miami 模型是 Lieth(1972)根据世界各地植物产量与年平均温度、年降水量之间的关系得到的,能够反映自然状态下水热单因子对潜在生产力的影响,Thornthwaite Memorial 模型是 Lieth 和美国学者 Box(1972)在迈阿密模型的基础上考虑了与植物产量密切相关的蒸散量而提出的。由于这两个模型相对简单,需要的参数少,而被比较广泛地应用于大范围气候生产潜力变化格局研究中。赵雪雁等(2016)利用此模型计算分析得出 1965—2013 年青藏高原牧草气候生产潜力

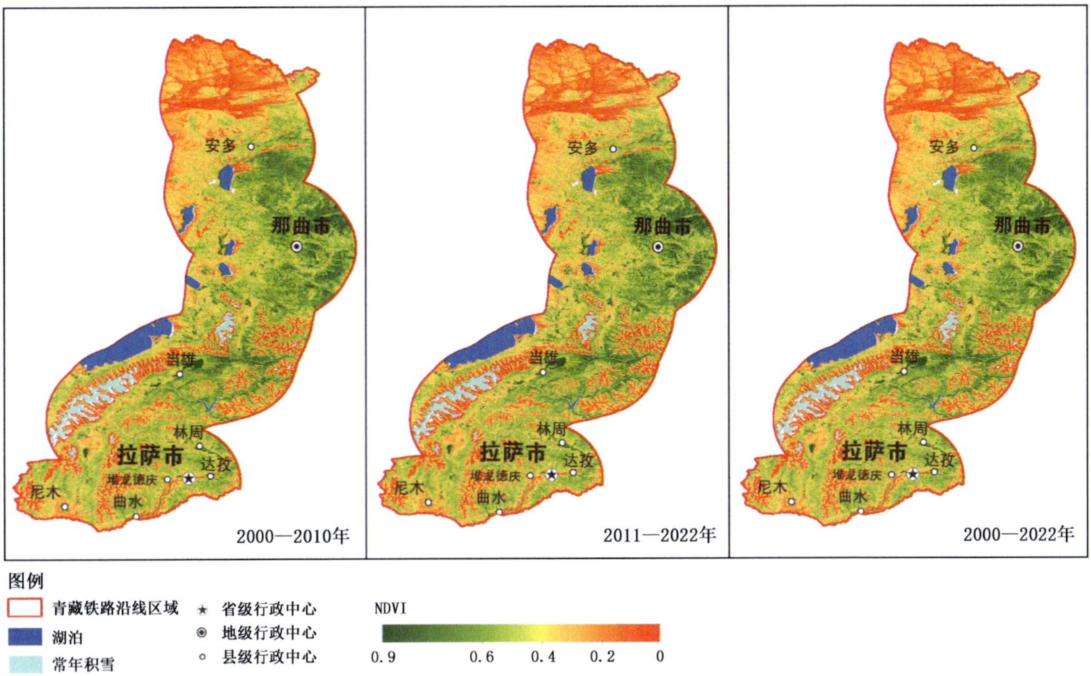

图 4.47　2000—2022 年青藏铁路沿线 NDVI 空间分布

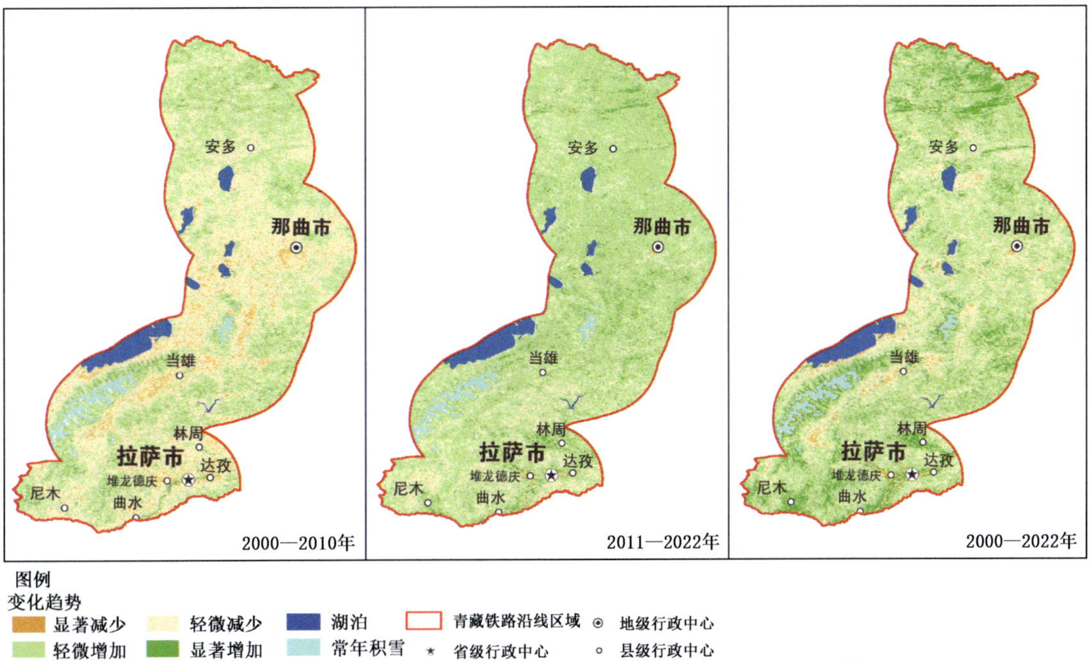

图 4.48　2000—2022 年青藏铁路沿线 NDVI 变化趋势空间分布

总体呈增加趋势，在空间上表现为由西北向东南依次呈增加趋势，青海省北部及南部部分地区气候生产潜力上升幅度较大，而西藏东部上升幅度较小，且南、北部地区差异较大。杜军等(2008)认为，近45年(1971—2015年)西藏阿里西南部、聂拉木、江孜植被气候生产潜力呈减少趋势，以普兰减幅最大；其他各地呈不同程度的增加趋势，增幅为26.8～459.8(kg/hm²)/10a。

本公报采用Thornthwaite Memorial模型，计算了西藏植被气候生产潜力(图4.49)，结果表明，近62年(1961—2022年)西藏植被气候生产潜力距平呈显著增加趋势，平均每10年增加124.14 kg/hm²($P<0.001$)；尤其近42年(1981—2022年)气候生产潜力增加得更明显，增幅达197.37(kg/hm²)/10a($P<0.001$)。2022年，西藏植被气候生产潜力为6779.94 kg/hm²，较常年值偏低225.00 kg/hm²。

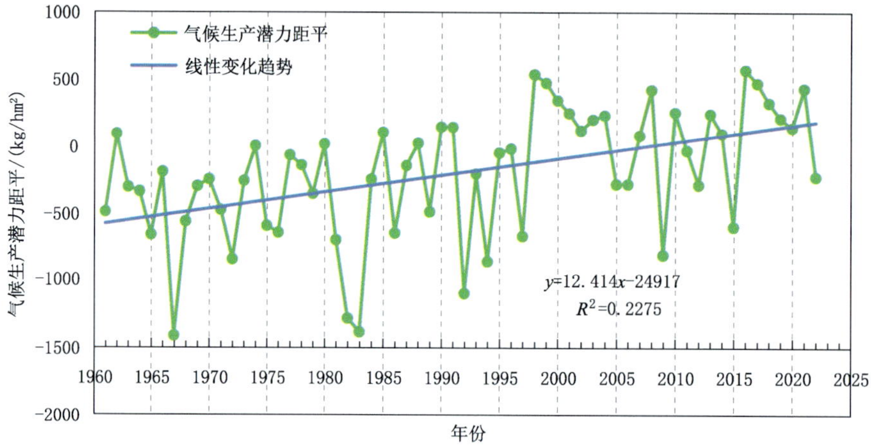

图4.49　1961—2022年西藏植被气候生产潜力距平变化

1961—2022年，藏东南森林和藏北草地年气候生产潜力距平均呈明显增加趋势，平均每10年分别增加145.55 kg/hm²($P<0.001$)和180.73 kg/hm²($P<0.001$)(图4.50)。

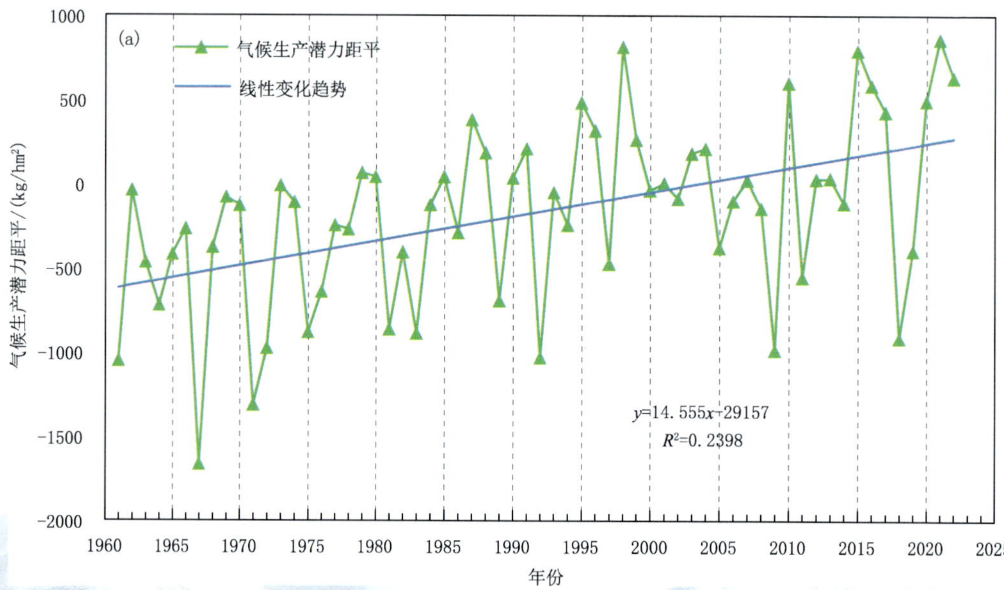

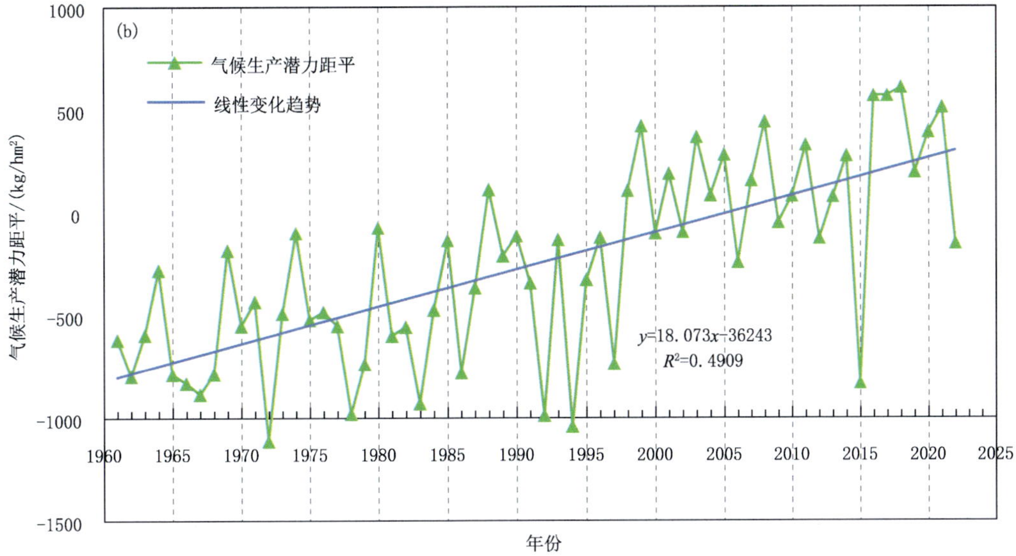

图 4.50 1961—2022 年藏东南森林(a)和藏北草地(b)年气候生产潜力距平变化

2022 年，藏东南森林年气候生产潜力为 11337.47 kg/hm²，较常年值偏高 632.46 kg/hm²，为 1961 年以来的第四个高值年份；藏北草地年气候生产潜力为 6223.52 kg/hm²，较常年值偏低 150.48 kg/hm²。

从 1961—2022 年西藏年植被气候生产潜力变化趋势空间分布来看(图 4.51)，各站均呈增加趋势，增幅为 12.10～251.28(kg/hm²)/10a(12 个站 $P<0.01$)，其中那曲增幅最大 251.28 kg/hm²/10a($P<0.001$)，班戈次之 242.87 kg/hm²/10a($P<0.001$)，日喀则增幅最

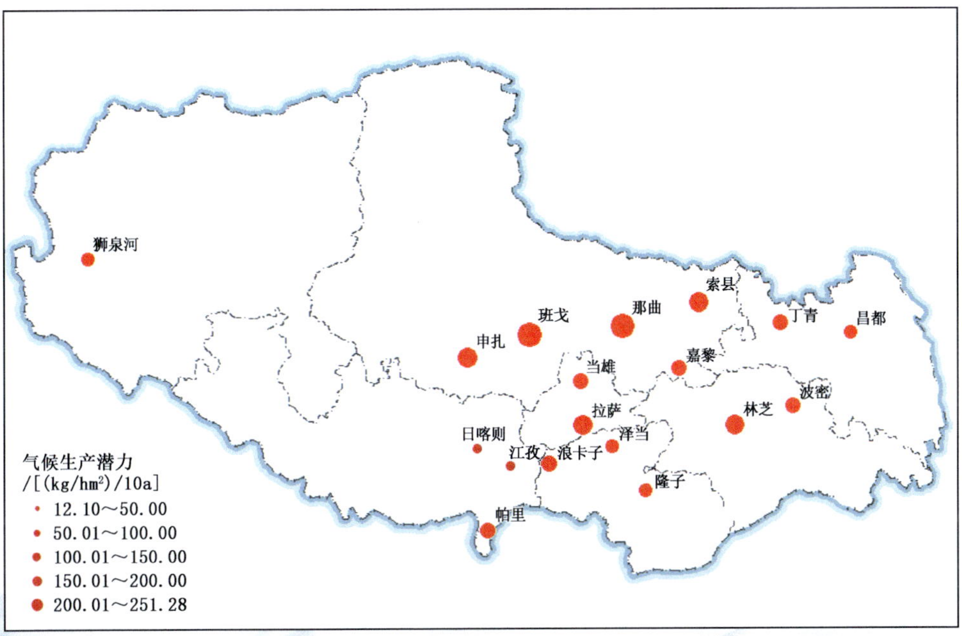

图 4.51 1961—2022 年西藏年植被气候生产潜力空间分布

小。近32年来(1991—2022年)日喀则、泽当、隆子3个站年植被气候生产潜力趋于减小,分别为−116.70 kg/hm²/10a、−51.96 kg/hm²/10a和−90.42 kg/hm²/10a,其他各站年植被气候生产潜力均呈增加趋势,增幅为67.50～352.95(kg/hm²)/10a,以狮泉河最大($P<0.05$),那曲次之,增幅为329.92 kg/hm²($P<0.001$),泽当最小;狮泉河、那曲、班戈、申扎、索县和嘉黎增幅在220.0 kg/hm²/10a以上。

第 5 章　西藏自治区主要气象灾害及其影响

2022 年，西藏因气象灾害造成 16.4 万人受灾。其中，死亡 8 人；农作物受灾面积 0.8 万公顷；直接经济损失 1.2 亿元。总体评价，气象灾害属于一般年景。

5.1　雪灾及低温冷冻

雪灾及低温冷冻造成 7 地(市)38 县(区)4.6 万人受灾，其中，死亡 6 人；直接经济损失 4300 万元。

5.2　洪涝

洪涝灾害造成拉萨、昌都、山南、日喀则、那曲、阿里 6 地(市)42 县(区)4.0 万人受灾，其中，紧急转移安置 126 人；农作物受灾面积 1670 公顷；因灾受损房屋 900 间；直接经济损失 3100 万元。

5.3　风雹

风雹灾害造成拉萨、昌都、山南、日喀则、那曲、阿里 6 地(市)37 县(区)3.7 万人受灾，其中，死亡 2 人；农作物受灾面积 2920 公顷；因灾受损房屋 600 间；直接经济损失 3400 万元。

5.4　干旱

干旱灾害造成昌都、山南、日喀则 3 地(市)14 县(区)4.1 万人受灾；农作物受灾面积 2950 公顷；直接经济损失 1400 万元。

第6章 西藏自治区专题影响评价

2022年，西藏主要农区气温偏高、降水正常或偏少、日照充足，光、温、水匹配较好，空气质量状况总体显示优。拉萨全年人体舒适度指数3.0级，凉；紫外线强度4.8级，强。

6.1 气候对农业的影响

2022年，西藏主要农区气温偏高、降水正常或偏少、日照充足，光、温、水匹配较好，气象条件有利作物的生长发育及其产量形成。冬季，西藏主要冬小麦区气温偏低，降水正常或偏多，日照偏少，土壤墒情良好，气象条件对冬小麦安全越冬有利。春季，西藏大部分农区气温正常或偏高，降水除4月偏少外，其他时段降水和日照正常或偏多，土壤墒情良好，气象条件对冬小麦返青—孕穗、春青稞出苗—分蘖和油菜现蕾—开花阶段生长发育有利。夏季，西藏主要农区气温偏高，降水偏少，日照偏多，沿雅鲁藏布江一线低海拔农区冬小麦和春青稞处在孕穗—成熟期；日喀则市春青稞处在分蘖—乳熟期，土壤墒情良好，气象条件对保灌地作物生长发育有利。秋季，西藏气温偏高，降水偏多，气象条件对春作物收割打场有利。

6.2 大气污染潜势评价

2022年，西藏空气质量状况显示，优为306 d，良为59 d(表6.1)，空气污染指数在16～89(表略)。

表6.1 2022年西藏空气质量状况统计表(d)

空气质量	1月	2月	3月	4月	5月	6月	7月	8月	9月	10月	11月	12月	年
优	19	28	26	25	27	26	26	27	26	27	25	24	306
良	12	0	5	5	4	4	5	4	4	4	5	7	59
轻度污染	0	0	0	0	0	0	0	0	0	0	0	0	0

6.3 气候对人体健康的影响

拉萨人体舒适度指数在1.8～4.3，全年人体舒适度指数3.0级，凉；紫外线强度在4.2～5.0，全年紫外线强度为4.8级，强。冬季、春季、秋季人体舒适度指数偏冷到凉，人体感觉不舒适；夏季气温适宜，人体感觉舒适(表6.2和表6.3)。

表 6.2　2022 年拉萨人体舒适度指数统计表

时间	1月	2月	3月	4月	5月	6月	7月	8月	9月	10月	11月	12月	年
人体舒适度	1.8	2.0	3.0	3.4	3.7	4.1	4.3	4.1	3.3	2.0	2.0	1.8	3.0

表 6.3　2022 年拉萨紫外线强度统计表

时间	1月	2月	3月	4月	5月	6月	7月	8月	9月	10月	11月	12月	年
紫外线强度	4.2	4.8	5.0	4.9	4.9	4.9	4.9	4.7	4.7	4.5	4.6	5.0	4.8

参考文献

白玛央宗，普布次仁，戴睿，等，2020. 1972—2018 年西藏玛旁雍错和拉昂错湖泊面积变化趋势分析[J]. 高原科学研究，4(2)：19-26.

白淑英，史建桥，高吉喜，等，2014. 1979—2010 年青藏高原积雪深度时空变化遥感分析[J]. 地球信息科学学报，16(4)：628-636.

边多，等，2021a. 西藏典型冰川遥感动态监测图集[M]. 北京：气象出版社.

边多，等，2021b. 西藏湖泊遥感动态监测图集[M]. 北京：气象出版社.

边多，等，2023. 西藏气候变化监测公报(2021 年) [M]. 北京：气象出版社.

巢清尘，袁佳双，王朋岭，等，2023. 中国气候变化蓝皮书(2023)[M]. 北京：科学出版社.

车涛，郝晓华，戴礼云，等，2019. 青藏高原积雪变化及其影响[J]. 中国科学院院刊(11)：1247-1253.

陈锋，康世昌，张拥军，等，2009. 纳木错流域冰川和湖泊变化对气候变化的响应[J]. 山地学报，27(6)：641-647.

程国栋，金会军，2013. 青藏高原多年冻土区地下水及其变化[J]. 水文地质工程地质，40(1)：1-11.

除多，2018. 2000—2014 年西藏高原积雪覆盖时空变化[J]. 高原山地气象研究，36(1)：27-36.

除多，杨勇，罗布坚参，等，2015. 1981—2010 年青藏高原积雪日数时空变化特征分析[J]. 冰川冻土，37(6)：1461-1472.

德吉央宗，拉巴，拉巴卓玛，等，2014. 基于多源卫星数据扎日南木错湖面变化和气象成因分析[J]. 湖泊科学，26(6)：963-970.

董斯扬，薛娴，尤全刚，等，2014. 近 40 年青藏高原湖泊面积变化遥感分析[J]. 湖泊科学，26(4)：535-544.

杜军，等，2019. 西藏气候变化监测公报(2018 年) [M]. 北京：气象出版社.

杜军，胡军，张勇，等，2008. 西藏植被净初级生产力对气候变化的响应[J]. 南京气象学院学报，31(5)：738-743.

高荣，韦志刚，董文杰，2003. 青藏高原土壤冻结始日和终日的年际变化[J]. 冰川冻土，25(1)：49-54.

井哲帆，姚檀栋，王宁练，2003. 普若岗日冰原表面运动特征观测研究进展[J]. 冰川冻土，25(3)：288-290.

康尔泗，1996. 高亚洲冰冻圈能量平衡特征和物质平衡变化计算研究[J]. 冰川冻土，18(增刊)：12-22.

拉巴，格桑卓玛，拉巴卓玛，等，2016. 1992—2014 年普若岗日冰川和流域湖泊面积变化及原因分析[J]. 干旱区地理，39(4)：770-776.

拉巴，拉珍，拉巴卓玛，等，2019. 2000—2018 年那曲市植被 NDVI 变化及气候变化响应[J]. 山地学报，37(4)：499-507.

拉巴卓玛，德吉央宗，拉巴，等，2017. 近 40a 西藏那曲当惹雍错湖泊面积变化遥感分析[J]. 湖泊科学，29(2)：480-489.

拉巴卓玛，喻薛凝，2020. 1976—2019 年西藏杰马央宗冰川变化遥感监测[J]. 高原科学研究，12(3)：17-54.

李栋梁，王春学，2011. 积雪分布及其对中国气候影响的研究进展[J]. 大气科学学报，34(5)：627-636.

李林，边巴次仁，赵炜，等，2019. 西藏喜马拉雅山脉中段冰湖变化与溃决特征分析——以桑旺错和什磨错为例[J]. 冰川冻土，41(5)：1036-1043.

刘晓尘，效存德，2011. 1974—2010 年雅鲁藏布江源头杰玛央宗冰川及冰湖变化初步研究[J]. 冰川冻土，33(3)：488-496.

马丽娟,秦大河,2012.1957—2009年中国台站观测的关键积雪参数时空变化特征[J].冰川冻土,34(1):1-11.

马荣华,杨桂山,段洪涛,等,2011.中国湖泊的数量、面积与空间分布[J].中国科学:地球科学,41(3):394-401.

米德生,谢自楚,冯清华,等,2002.中国冰川编目Ⅺ—恒河水系[M].西安:西安地图出版社.

蒲健辰,姚檀栋,王宁练,等,2002.普若岗日冰原及其小冰期以来的冰川变化[J].冰川冻土,24(1):88-92

蒲健辰,姚檀栋,王宁练,等,2004.近百年来青藏高原冰川的进退变化[J].冰川冻土,26(5):517-522.

施雅风,刘时银,2000.中国冰川对21世纪全球变暖响应的预估[J].科学通报,45:434-438.

施雅风,刘时银,上官冬辉,等,2006.近30 a青藏高原气候与冰川变化中的两种特殊现象[J].气候变化研究进展,2(4):154-160.

王君波,彭萍,马庆峰,等,2010.西藏当惹雍错和扎日南木错现代湖泊基本特征[J].湖泊科学,22(4):629-632.

王苏民,窦鸿身,1998.中国湖泊志[M].北京:科学出版社.

王叶堂,何勇,侯书贵,2007.2000—2005年青藏高原积雪时空变化分析[J].冰川冻土,29(6):855-861.

韦志刚,黄荣辉,陈文,等,2002.青藏高原地面站积雪的空间分布和年代际变化特征[J].大气科学,26(4):496-507.

徐丽娇,李栋梁,胡泽勇,2010.青藏高原积雪日数与高原季风的关系[J].高原气象,29(5):1093-1101.

闫立娟,郑绵平,魏乐军,2016.近40年来青藏高原湖泊变迁及其对气候变化的响应[J].地学前缘,23(4):311-323.

姚檀栋,焦克勤,章新平,等,1992.古里雅冰帽冰川学研究[J].冰川冻土,14(3):233-241.

姚檀栋,刘时银,蒲健辰,2004.高亚洲冰川的近期退缩及其对西北水资源的影响[J].中国科学,34(6):535-543.

姚檀栋,刘晓东,王宁练,2000.青藏高原地区的气候变化幅度问题[J].科学通报,45(1):98-106.

姚檀栋,蒲健辰,田立德,等.2007.喜马拉雅山脉西段纳木那尼冰川正在强烈萎缩[J].冰川冻土,29(4):503-508.

姚檀栋,秦大河,沈永平,等,2013.青藏高原冰冻圈变化及其对区域水循环和生态条件的影响[J].自然杂志,35(3):179-185.

于伯华,吕昌河,吕婷婷,等,2009.青藏高原植被覆盖变化的地域分异特征[J].地理科学进展,28(6):391-397.

曾林,扎西央宗,牛晓俊,等,2021.基于多源遥感数据的多庆错动态变化特征分析[J].西藏科技,344(11):9-13.

赵雪雁,万文玉,王伟军,2016.近50年气候变化对青藏高原牧草生产潜力及物候期的影响[J].中国生态农业学报,26(4):532-543.

DE JONG R,DE BRUIN S,DE WIT A,et al,2011. Analysis of monotonic greening and browning trends from global NDVI time-series[J]. Remote Sensing of Environment,115(2):692-702.

FUJITA K,2008. Effect of precipitation seasonality on climatic sensitivity of glacier mass balance[J]. Earth Planet Sci Lett,276:14-19.

KLEIN J A,HARTE J,ZHAO X Q,2004. Experimental warming causes large and rapid species loss,dampened by simulated grazing,on the Tibetan Plateau[J]. Ecology Letters,7(12):1170-1179.

LEI H,YANG D,HUANG M,2014. Impacts of climate change and vegetation dynamics on runoff in the mountainous region of the Haihe River basin in the past five decades[J]. Journal of Hydrology,511:786-799.

LIETH H,1972. Modeling the primary productivity of the world[J]. Nature and Resoucres,8(2):5-10.

LIETH H,BOX E,1972. Evapotranspiration and primary productivity[M]//Thornthwaite W,et al. Memorial

Model. New Jersey:Publications in Climatology,37-46.

PENG J,LIU Z H,LIU Y H,et al,2012. Trend analysis of vegetation dynamics in Qinghai-Tibet Plateau using Hurst Exponent[J]. Ecological Indicators,14:28-39.

PETERSON T C,FOLLAND C,GRUZA G,et al. 2001. Report on the activities of the working group on climate change detection and related rapporteurs (1998—2001)[R/OL]. http://eprints. soton. ac. uk/30144/1/048_wgccd. pdf.

PIAO S,WANG X,CIAIS P,2011. Changes in satellite-derived vegetation growth trend in temperate and boreal Eurasia from 1982 to 2006[J]. Global Change Biology,17(10):3228-3239.

SU Z,SHI Y F,2002. Response of monsoonal temperate glaciers to global warming since the Little Ice Age[J]. Quatern Int,97-98:123-131.

WAGNON P,LINDA A,ARNAUD Y,et al,2007. Four years of mass balance on Chhota Shigri Glacier,Himachal Pradesh,India,a new benchmark glacier in the western Himalaya[J]. J Glaciol,53:603-611.

YAO T,THOMPSON L,YANG W,et al,2012. Different glacier status with atmospheric circulations in Tibetan Plateau and surroundings[J]. Nature Climate Change,2:663-667.

ZHANG Y S,FUJITA K,AGETA Y,et al,1998. The response of glacier ELA to climate fluctuations in High Asian[J]. Bull Glacier Res,16:1-11.

ZHOU L M,TUCKER C J,KAUFMANN R K,et al,2001. Variations in northern vegetation activity inferred from satellite data of vegetation index during 1981 to 1999[J]. Journal of Geophysical Research Atmospheres,106(D17):20069-20083.